北大社 "十三五"职业教育规划教材

高职高专土建专业"互联网+"创新规划教材

全新修订

建筑制图习题集(第三版)

白丽红 闫小春 ◎ 主　编

张　彦 ◎ 副主编

钱　军　范莎莉　陈相宜 ◎ 参　编

内 容 简 介

本书为北京大学出版社出版的《建筑工程制图与识图》(第三版)配套习题集。

本书的主要内容有：制图的基本知识与技能，投影的基本知识，点、直线、平面的投影，基本形体的投影，组合体的投影，轴测投影，剖面图与断面图，建筑工程图的一般知识，建筑施工图，结构施工图。在编写内容上，本书力求体现由浅入深、读画结合、多次反复、循序渐进的学习方法。书中还增加了针对实际工程施工图的识图习题，旨在提高学生识读工程图样的能力。

本书适合土建类相关专业的学生、工程技术人员选用和参考。

图书在版编目(CIP)数据

建筑制图习题集 / 白丽红，闫小春主编. —3版. —北京：北京大学出版社，2019.5
高职高专土建专业"互联网+"创新规划教材
ISBN 978-7-301-30425-9

Ⅰ.①建… Ⅱ.①白… ②闫… Ⅲ.①建筑制图—高等职业教育—习题集 Ⅳ.①TU204-44

中国版本图书馆 CIP 数据核字（2019）第 059727 号

书　　　名	建筑制图习题集（第三版）
	JIANZHU ZHITU XITI JI（DI-SAN BAN）
著作责任者	白丽红　闫小春　主编
策划编辑	杨星璐
责任编辑	赵思儒　刘健军
标准书号	ISBN 978-7-301-30425-9
出版发行	北京大学出版社
地　　　址	北京市海淀区成府路 205 号　100871
网　　　址	http://www.pup.cn　新浪微博：@北京大学出版社
电子信箱	pup_6@163.com
电　　　话	邮购部 010-62752015　发行部 010-62750672　编辑部 010-62750667
印刷者	三河市博文印刷有限公司
经销者	新华书店
	787 毫米×1092 毫米　16 开本　10.75 印张　123 千字
	2009 年 8 月第 1 版　　2014 年 9 月第 2 版
	2019 年 5 月第 3 版　　2022 年 7 月全新修订　2022 年 9 月第 10 次印刷(总第 26 次印刷)
定　　　价	32.00 元

未经许可，不得以任何方式复制或抄袭本书之部分或全部内容。
版权所有，侵权必究
举报电话：010-62752024　电子信箱：fd@pup.pku.edu.cn
图书如有印装质量问题，请与出版部联系，电话：010-62756370

第三版前言

本书根据编者多年教学经验并结合高职高专教学改革实践，为高职高专教育需要编写而成，与白丽红、闫小春主编的《建筑工程制图与识图》(第三版)教材配套使用。

本书在编写过程中注重以下几个方面。

(1) 以学生为主体，贯彻以培养学生识图能力为主线的原则，对应教材各章节编写相应的实操题目，达到学练同步的目的。

(2) 在内容上，采取由浅入深、读画结合、多次反复、循序渐进的方法，增加立体图的数量，以培养学生空间和思维能力。

(3) 在专业识图相关题目的编写上，参阅建筑行业技能培训相关教材及历年"鲁班杯"建筑工程识图技能竞赛题目，针对教材后附图提出诸如算量等相关问题，旨在使学生学会房屋工程图样的识读方法。

(4) 要求学生手绘工程图，一方面能进一步提高学生识读工程图样的能力，另一方面能为学生应用计算机软件绘图打下良好的基础。

本书在第二版的基础上，对教学实践中发现的问题和欠妥之处加以修订；在习题的选择上，尽量使用建筑形体，贴近工程实际，习题由简单到复杂，循序渐进，与教材相适应，方便教师教学与学生练习。

本书由河南建筑职业技术学院白丽红、闫小春担任主编，河南建筑职业技术学院张彦担任副主编，泰州职业技术学院钱军，北京理工大学范莎莉、陈相宜参编。

本书第一版由白丽红担任主编，毛润山、钱军和徐菊芬担任副主编，闫小春和李丽参编。本书第二版由白丽红担任主编，闫小春担任副主编，钱军、李丽、范莎莉和陈相宜参编。在此，谨对第一版和第二版的编者表示感谢！

本书在编写过程中，除参考了配套教材所列的参考书外，还参考了建设行业职业技能培训教材编委会编写的《钢筋工》《混凝土工》模拟题库，以及乐荷卿、陈美华主编的《建筑制图习题集》(第四版)和陆叔华、沈芳主编的《建筑制图与识图习题集》(第三版)。在此，对相关作者表示衷心的感谢！

本书中的习题虽经试做，但由于编者水平有限，如有疏漏之处，敬请用书的教师、学生和有关人员批评指正。

编　者
2018 年 12 月

CONTENTS
目 录

第1章　制图的基本知识与技能 1

第2章　投影的基本知识 5

第3章　点、直线、平面的投影 8

第4章　基本形体的投影 25

第5章　组合体的投影 36

第6章　轴测投影 61

第7章　剖面图与断面图 65

第8章　建筑工程图的一般知识 74

第9章　建筑施工图 76

第10章　结构施工图 81

第1章　制图的基本知识与技能

班级　　　姓名　　　学号

1. 工程字练习

| 建 | 筑 | 平 | 面 | 图 | 立 | 剖 | 详 | 房 | 东 | 南 | 西 | 北 | 基 | 础 | 墙 | 梁 | 柱 |

| 比 | 例 | 说 | 明 | 楼 | 板 | 框 | 架 | 施 | 工 | 审 | 核 | 日 | 期 | 斜 | 坡 | 总 | 厨 | 卫 | 木 | 井 | 水 | 泥 | 砂 |

| 窗 | 户 | 形 | 状 | 大 | 小 | 泥 | 门 | 标 | 高 | 体 | 积 | 轴 | 线 | 垂 | 直 | 前 | 后 | 阳 | 台 | 厨 | 吊 | 顶 | 防 | 潮 | 电 | 气 | 排 | 城 | 市 | 班 | 级 | 高 | 等 | 校 | 环 | 境 | 楼 | 梯 | 踢 | 脚 | 窗 |

ABCDEFGHIJKLMNOPQRSTUVWXYZ　　ABCDEFGHIJKLMNOPQRSTUVWXYZ

abcdefghijklmnopqrstuvwxyz　　abcdefghijklmnopqrstuvwxyz　1234567890　1234567890

ABCDEFGHIJKLMNOPQRSTUVWXYZ　abcdefghijklmnopqrstuvwxyz　1234567890

第1章　制图的基本知识与技能

班级　　　姓名　　　学号

2. 线型练习(在指定标注处画相同的线)

3. 按左图所示图线描绘右图

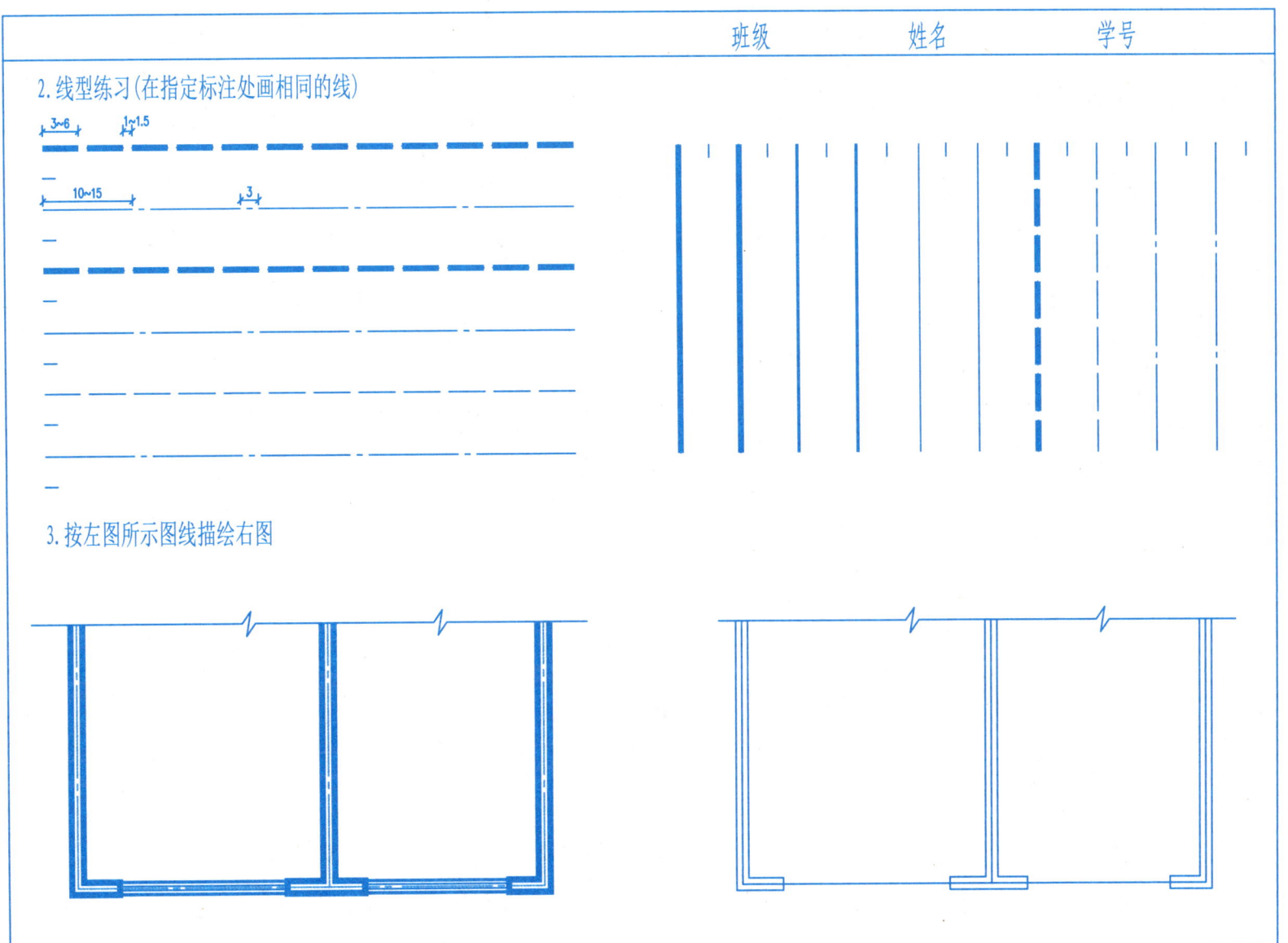

第1章　制图的基本知识与技能

班级　　　姓名　　　学号

4. 用下列比例画出长度为1000mm的直线。

1:200

1:100

1:50

1:20

1:10

5. 采用下列比例画图时，实际长度为800mm的AB线段，应画多长？

A ——————————————— B

1:1　　AB=　　　　1:50　　AB=

1:5　　AB=　　　　1:200　　AB=

1:10　　AB=　　　　1:500　　AB=

1:20　　AB=　　　　1:1000　　AB=

6. 分别用1:50和1:30的比例在右边指定位置画出TC1-1218窗的立面图。

1)　1:50　　　　　2)　1:30

TC1-1218

第1章 制图的基本知识与技能

班级　　　姓名　　　学号

7. 完成下列图形的尺寸标注。（从图中直线量取，精确到mm）

8. 直径、半径的标注（从图中直接量取，精确到mm）

9. 坡度的标注

10. 角度、弦长的标注（从图中量取，精确到mm）

第2章 投影的基本知识

班级　　　　姓名　　　　学号

一、填空题

1. 平行投影法可分为两种：投射线相互平行但倾斜于投影面的称为_____；投射线相互平行而且垂直于投影面的称为_____。

2. 在三面投影体系中，根据其位置关系，投影面可分为_____投影面、_____投影面、_____投影面。

3. 投影是研究_____、_____、_____三者关系的。

4. 投影法分为_____和_____两类。

5. _____图是工程中应用最广泛的投影图。

6. 三面投影图之间的关系可归纳为_____、_____、_____的三等关系。

7. 自____方的投影称为水平投影图，自____方的投影称为正面投影图，自____方的投影称为侧面投影图。

二、是非题

1. 投影法是绘制工程图的基础。（　）

2. 用互相平行的投影线对形体作投影图的方法称为平行投影法。（　）

3. 投影光线相互平行但与投影面斜交时称为斜投影法。（　）

4. 直线、平面垂直于投影面时，其投影积聚为一点、直线，这种特性称为投影的积聚性。（　）

5. 各投影面间的交线称为投影轴。（　）

6. 三面投影图中，水平投影图与侧面投影图的长相等。（　）

7. 三面投影图中，正面投影图与侧面投影图的高相等。（　）

8. 三面投影图中，水平投影图的宽与侧面投影图的宽相等。（　）

9. 三面投影图的展平规则是：H面永不动，V面绕OX轴向下转90°与H面重合，W面绕OZ轴向右转90°与V面重合。（　）

10. "长对正、高平齐、宽相等"只适用于三面正投影图。（　）

第2章 投影的基本知识

班级　　　　姓名　　　　学号

三、选择题

1. 使用中心投影法得到的投影图称为（　　）。

    A. 正轴测图　　　　B. 多面正投影图　　　　C. 透视图　　　　D. 斜轴测图

2. （　　）能反映形体的真实形状和大小，在工程制图中得到广泛应用。

    A. 透视图　　　　B. 垂直投影图　　　　C. 中心投影图　　　　D. 正投影图

3. 形体的三面投影图中，侧面投影能显示的尺寸是（　　）。

    A. 长和宽　　　　B. 长和高　　　　C. 高和宽　　　　D. 长、宽、高

4. 三个投影图中的每一个投影图表示形体的两个向度和一个面的形状，下列有误的一项是（　　）。

    A. 立面投影反映形体的长度和高度　　　　B. 水平面投影反映形体的长度和宽度

    C. 侧面投影反映形体的高度和宽度　　　　D. 立面投影反映形体的宽度和高度

5. 在正投影图中，当平面垂直投影面时，其投影（　　）。

    A. 反映实形　　　　B. 积聚为一直线　　　　C. 小于实形　　　　D. 积聚为点

6. 三面投影图是（　　）。

    A. 用中心投影法绘制的单面投影图　　　　B. 用平行投影法绘制的单面投影图

    C. 用平行投影法中的正投影法绘制的多面投影图　　　　D. 用斜投影法绘制的单面投影图

7. 在三面投影体系中 H 面的展平方向是（　　）。

    A. H 面永不动　　　　B. H 面绕 OX 轴向右转

    C. H 面绕 OX 轴向下转 $90°$　　　　D. H 面绕 OZ 轴向右转

8. 在三面投影体系 W 面的展平方向是（　　）。

    A. 绕 OY 轴向下转　　　　B. W 面永不动　　　　C. 绕 OZ 轴向右转　　　　D. 绕 OX 轴向右转

第2章 投影的基本知识

班级　　　姓名　　　学号

四、作图题

1. 在下列三面投影图中的横线上注写图名，并在尺寸线上标注"长、宽、高"字样。

2. 画出长方体的三面投影图，并标出尺寸。已知长方体的长、宽、高分别是40mm、30mm、15mm。

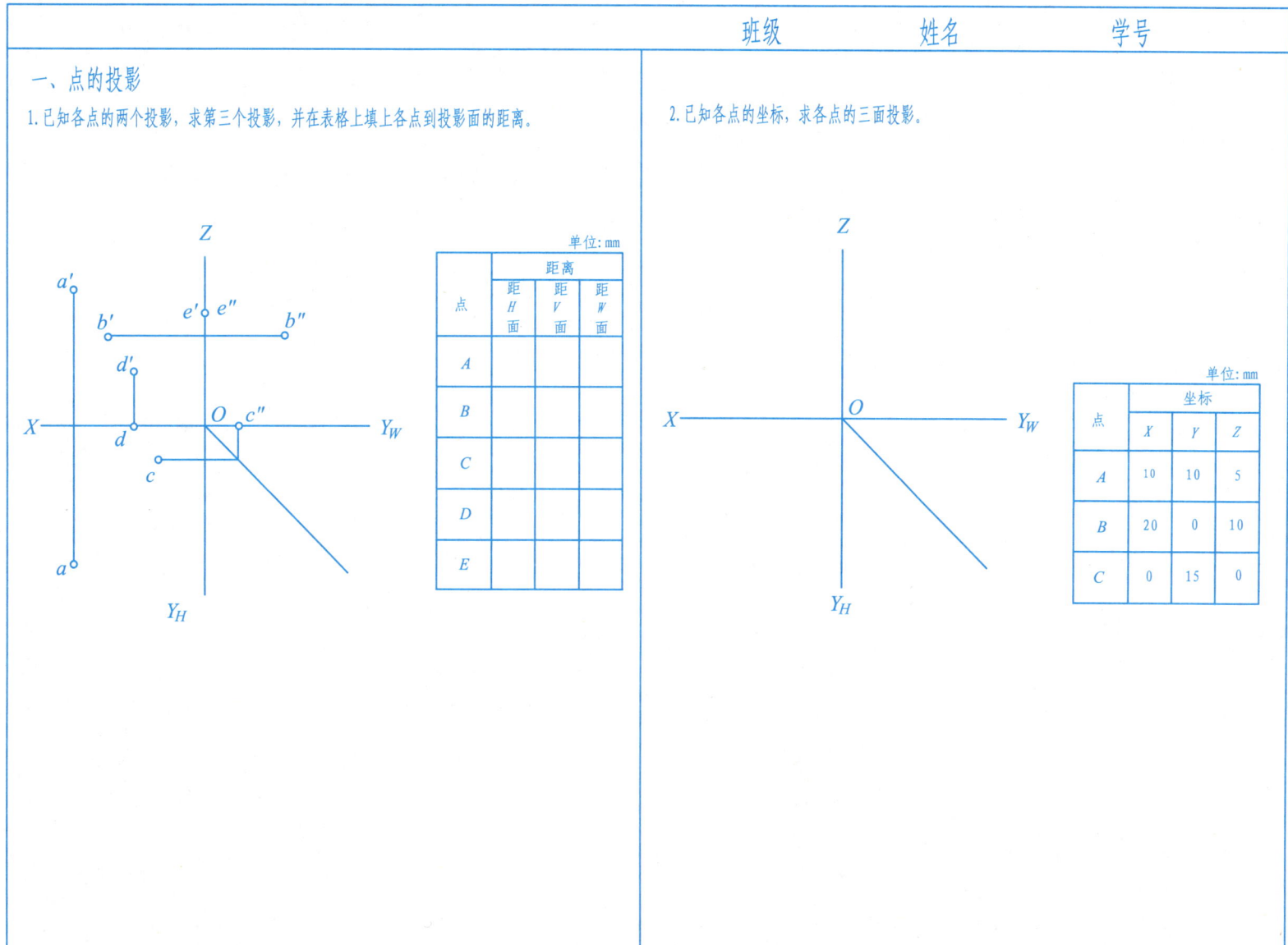

第3章 点、直线、平面的投影

班级　　　　姓名　　　　学号

3. 补全点的投影，并判定两点在空间的相对位置。

点 A 在点 B 的 _____
点 B 在点 C 的 _____
点 C 在点 D 的 _____
点 D 在点 A 的 _____

4. 根据直观图，作点的三面投影图。

第3章 点、直线、平面的投影

| 班级　　　　姓名　　　　学号 |

5. 已知点A的投影，点B在点A的左方10mm，前方15mm，点C在点A正下方6mm，求点B、C的三面投影，并判别可见性。

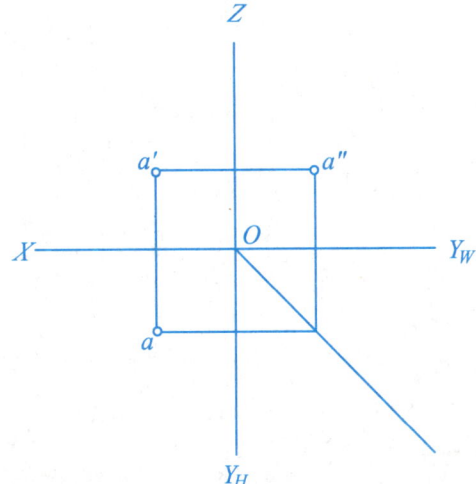

6. 对照立体图，在三面投影图中注明A、B、C、D、E各点的位置，并判别可见性。

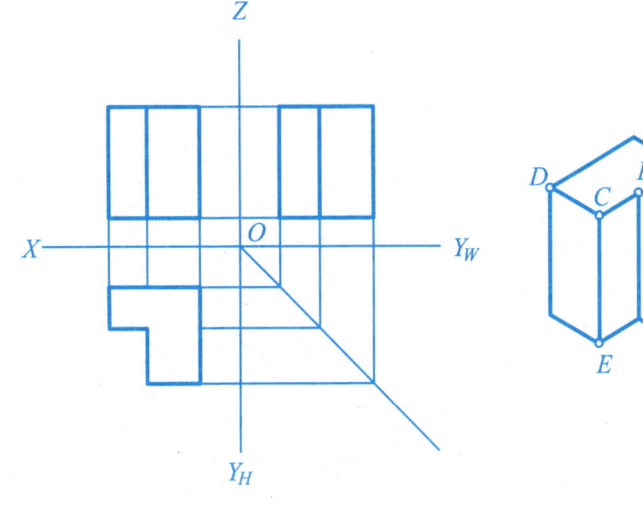

第3章 点、直线、平面的投影

二、直线的投影

1. 已知直线的两个投影，求第三个投影，并判别其空间位置。

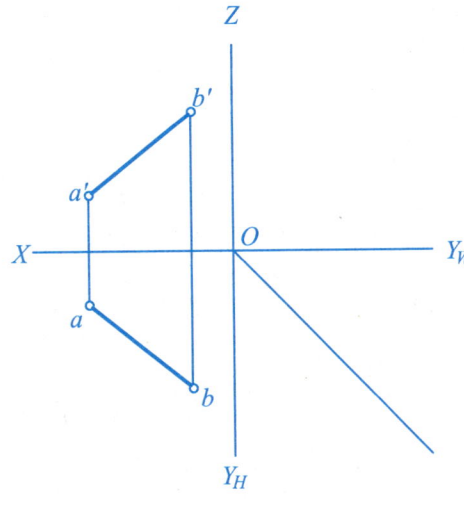

(1) AB是_____线

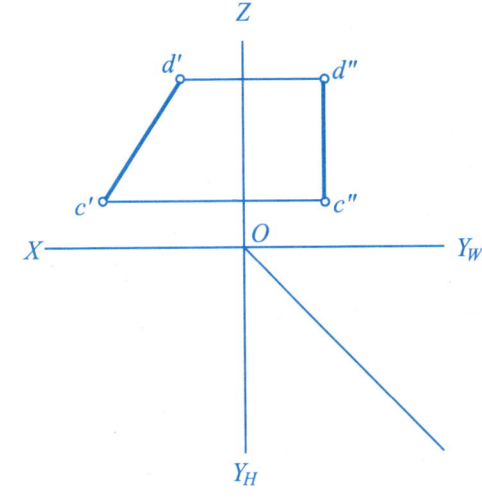

(2) CD是_____线

第3章 点、直线、平面的投影

班级　　　　姓名　　　　学号

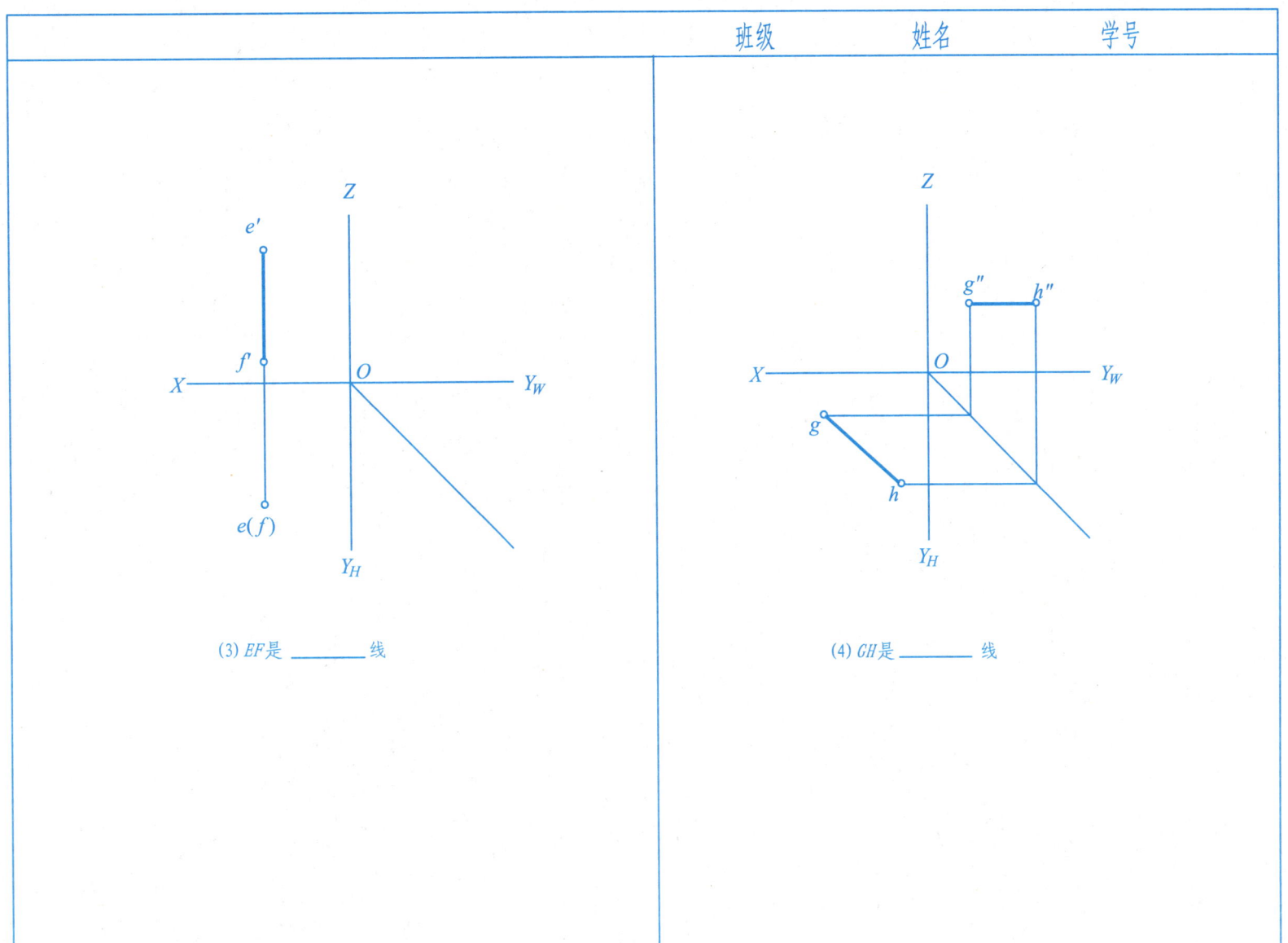

(3) EF是_____线

(4) GH是_____线

第3章 点、直线、平面的投影

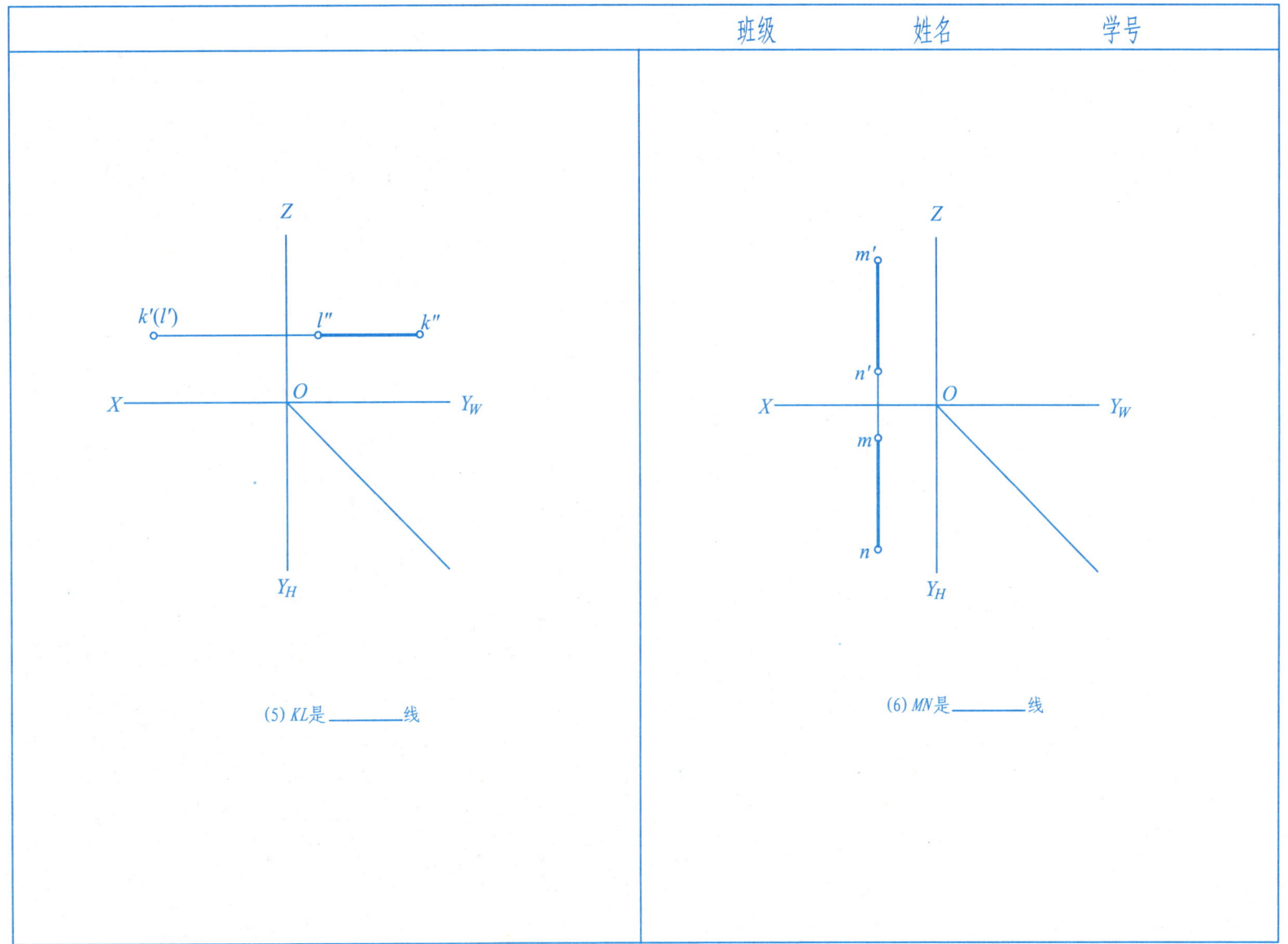

(5) KL是_____线

(6) MN是_____线

第3章 点、直线、平面的投影

班级　　　　姓名　　　　学号

2. 在投影图中标出立体图上所注线段的三面投影，并判别其空间位置。

(1) AB是_____线
　　AC是_____线
　　AD是_____线

(2) SA是_____线
　　SB是_____线
　　AB是_____线

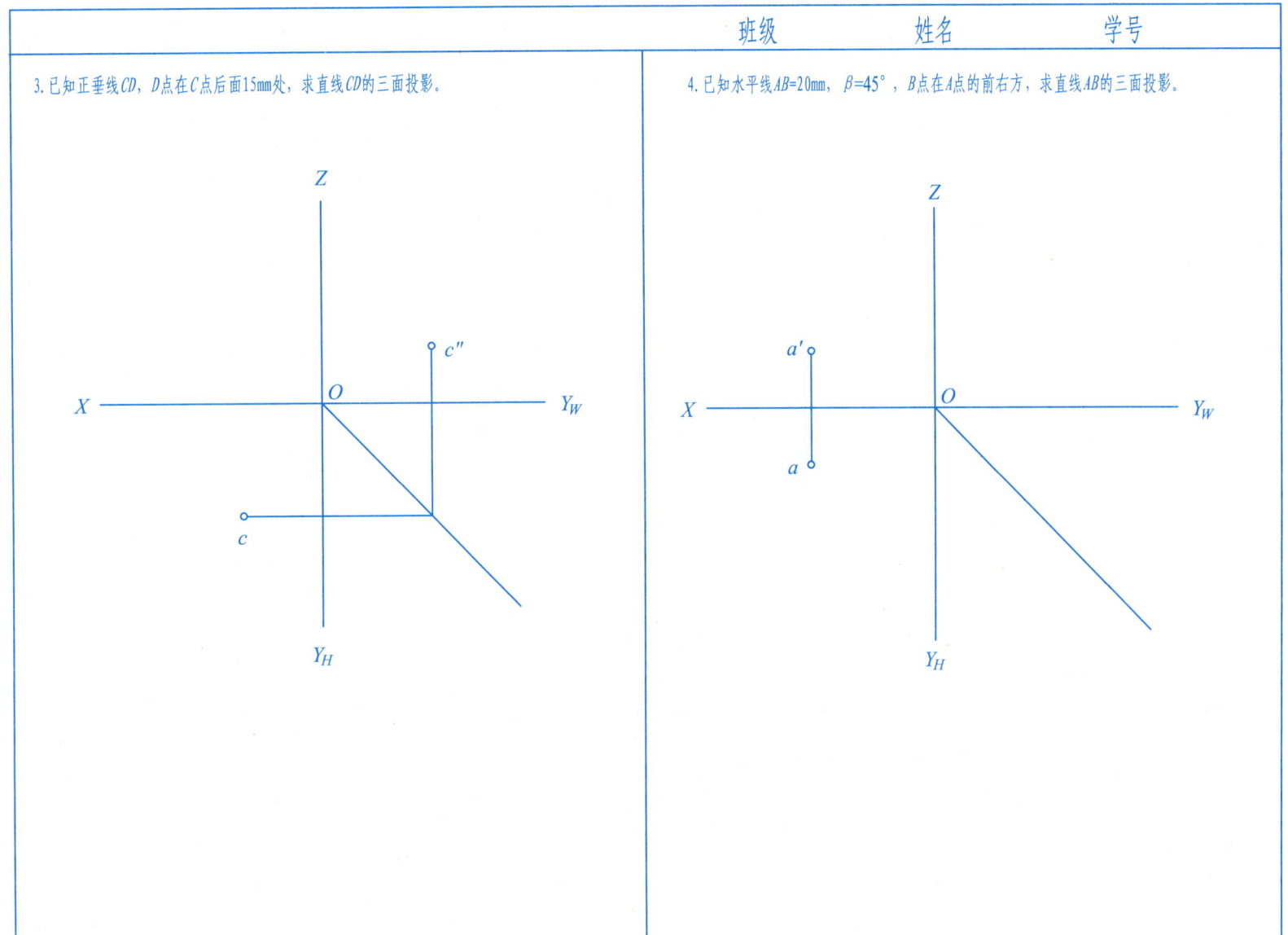

第3章 点、直线、平面的投影

班级　　　姓名　　　学号

5. 已知直线 EF 的端点坐标 E（25,5,20），F（5,15,10），求直线 EF 的三面投影。

6. 已知直线 CD 平行于 H 面，且距 H 面 10mm，作直线 CD 的 V 面、W 面投影。

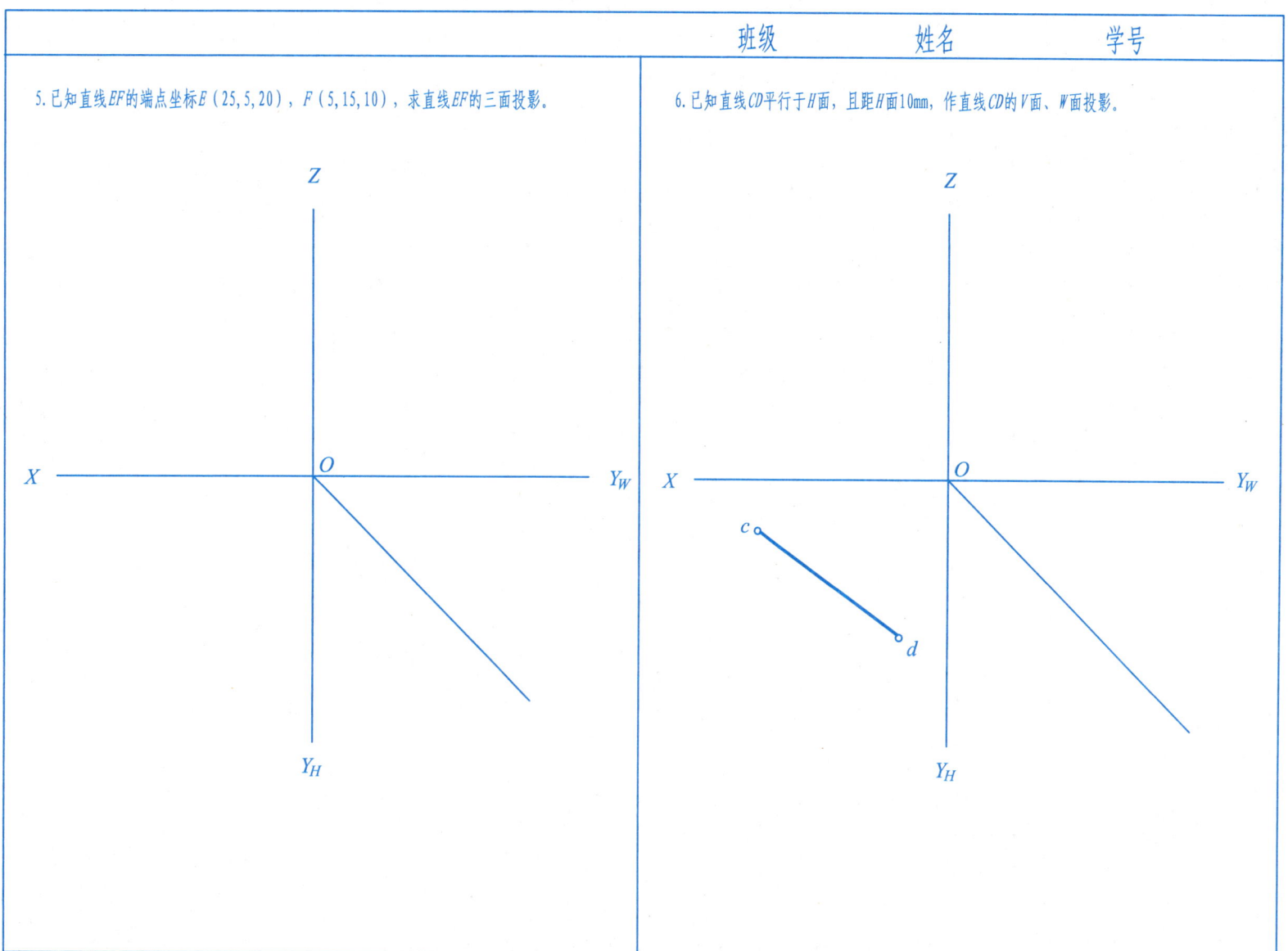

第3章 点、直线、平面的投影

班级　　　　姓名　　　　学号

三、平面的投影

1. 已知平面的两个投影，求第三个投影，并判别其空间位置。

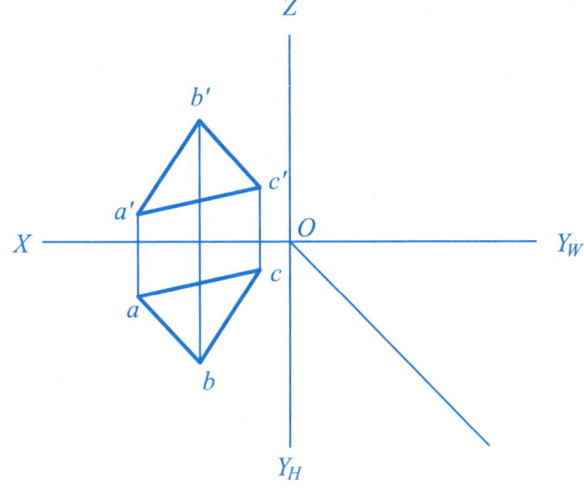

(1) 平面为_____

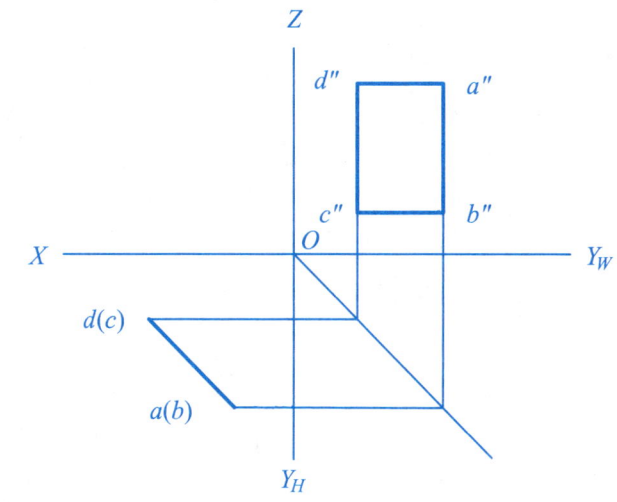

(2) 平面为_____

第3章 点、直线、平面的投影

班级　　　姓名　　　学号

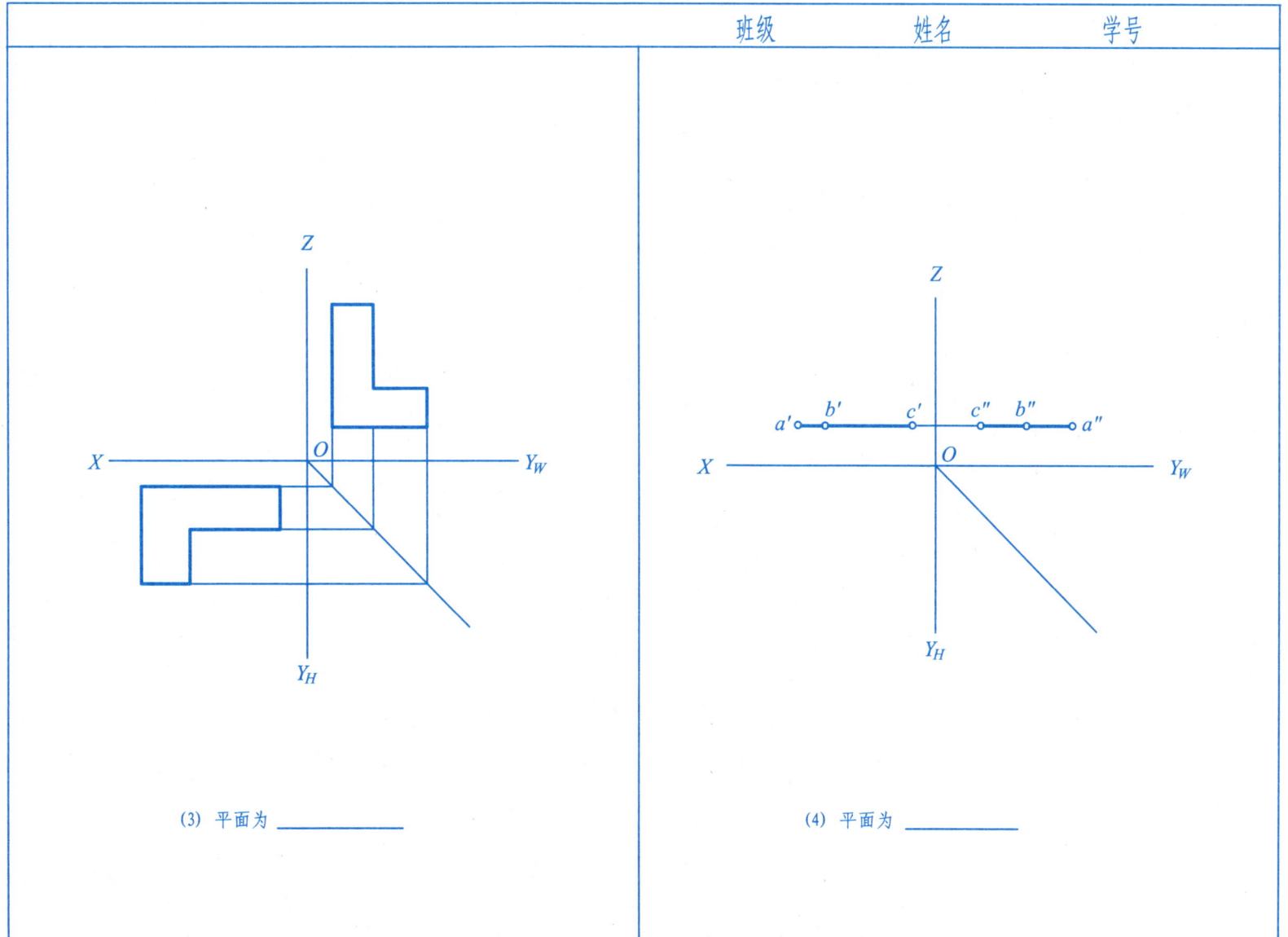

(3) 平面为 _____

(4) 平面为 _____

第3章 点、直线、平面的投影

班级　　　　姓名　　　　学号

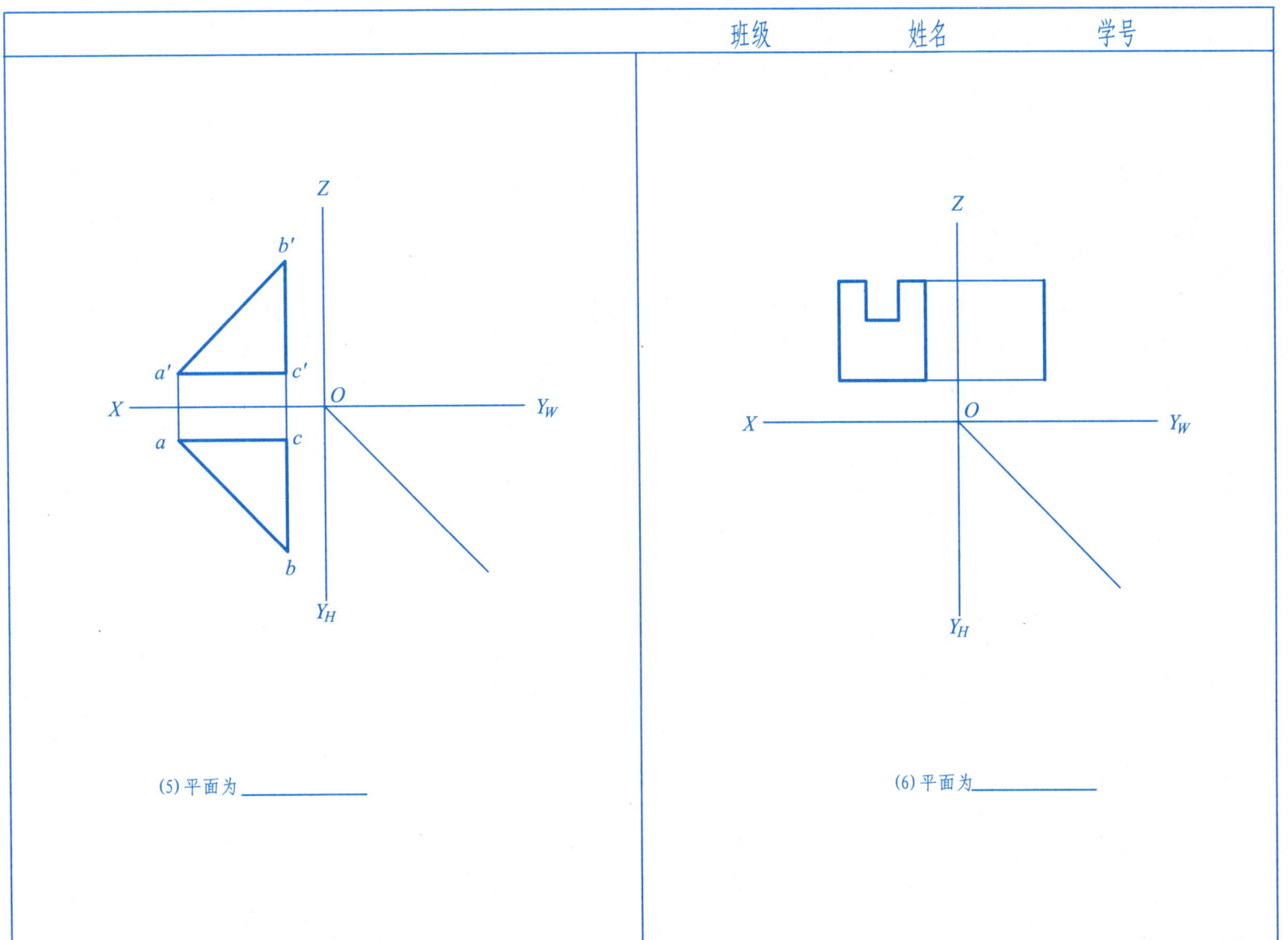

(5) 平面为_____

(6) 平面为_____

第3章 点、直线、平面的投影

| 班级　　　　姓名　　　　学号 |

2. 标出立体图上指定平面的三面投影，并判别其空间位置。

(1) P是_____面
    Q是_____面
    R是_____面
    S是_____面

(2) A是_____面
    B是_____面
    C是_____面
    D是_____面
    E是_____面

第3章 点、直线、平面的投影

班级　　　姓名　　　学号

3. 完成四边形ABCD的V面投影。

4. 在三角形ABC平面上：(1) 作一水平线，使其距H面12mm；(2) 作一正平线，使其距V面10mm。

（1）作水平线　　　　（2）作正平线

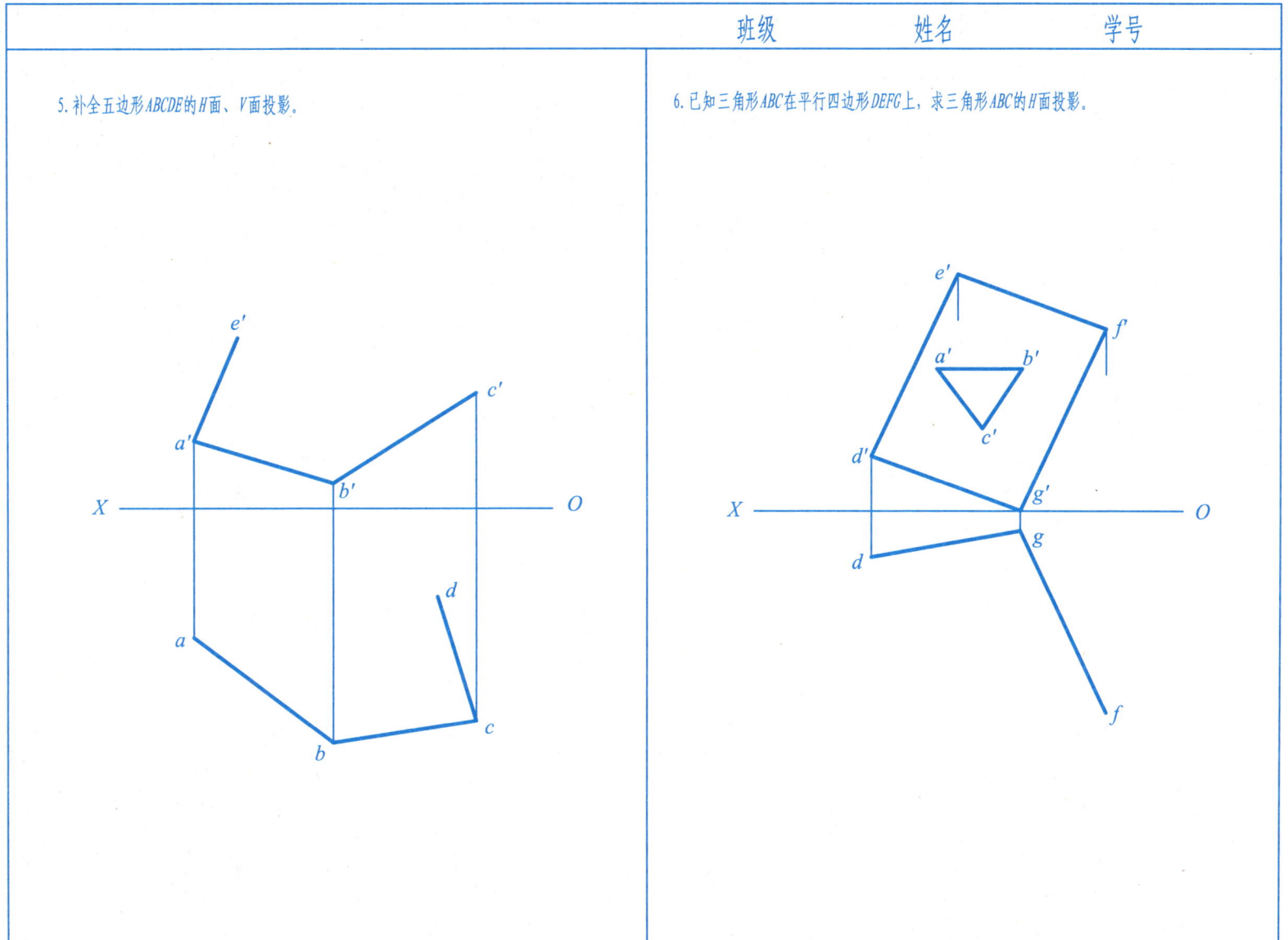

第3章 点、直线、平面的投影

班级　　　　姓名　　　　学号

7. 完成平面图形ABCDEFGH的水平投影，并判断平面图形和直线的空间位置。

8. 求平面上点k与点n的另一面投影。

平面ABCDEFGH是_____面
直线EF是_____线
直线FG是_____线

第3章 点、直线、平面的投影

班级　　　　姓名　　　　学号

9. 已知正方形ABCD平行于V面，试完成正方形ABCD的H面、V面投影。

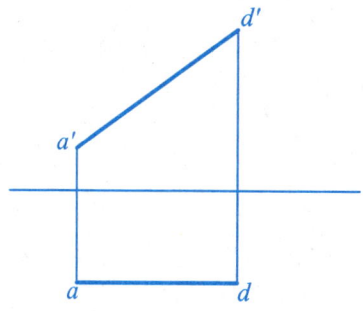

10. 判别已知点和直线是否属于平面。

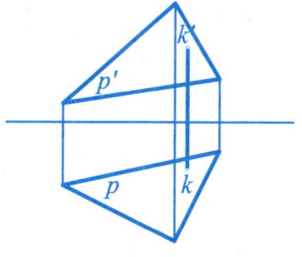

（1）K点_____P平面

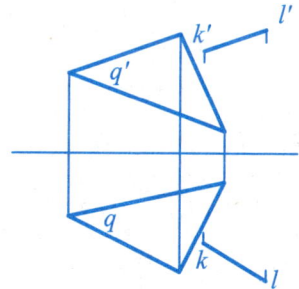

（2）KL_____Q平面

第4章 基本形体的投影

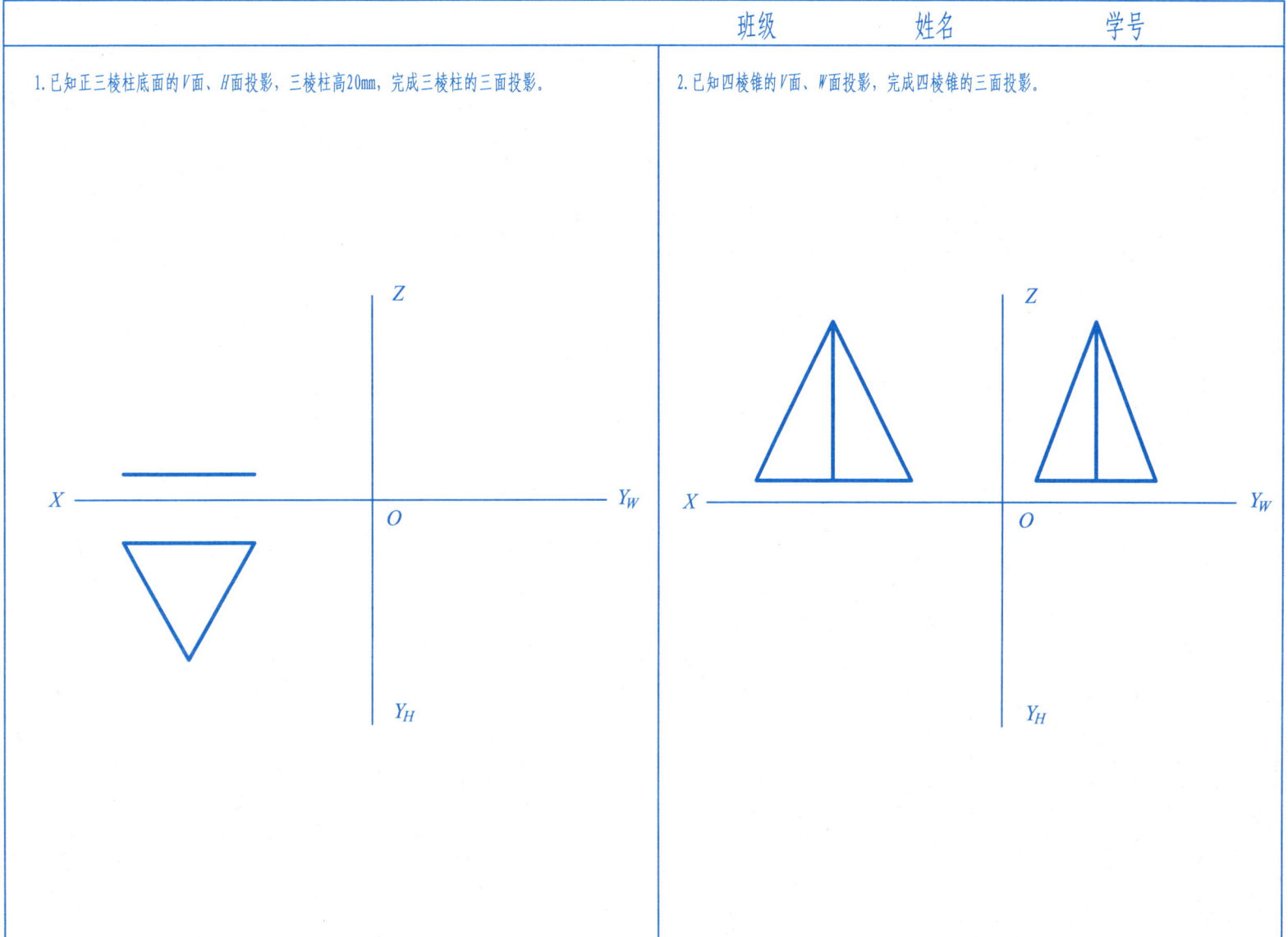

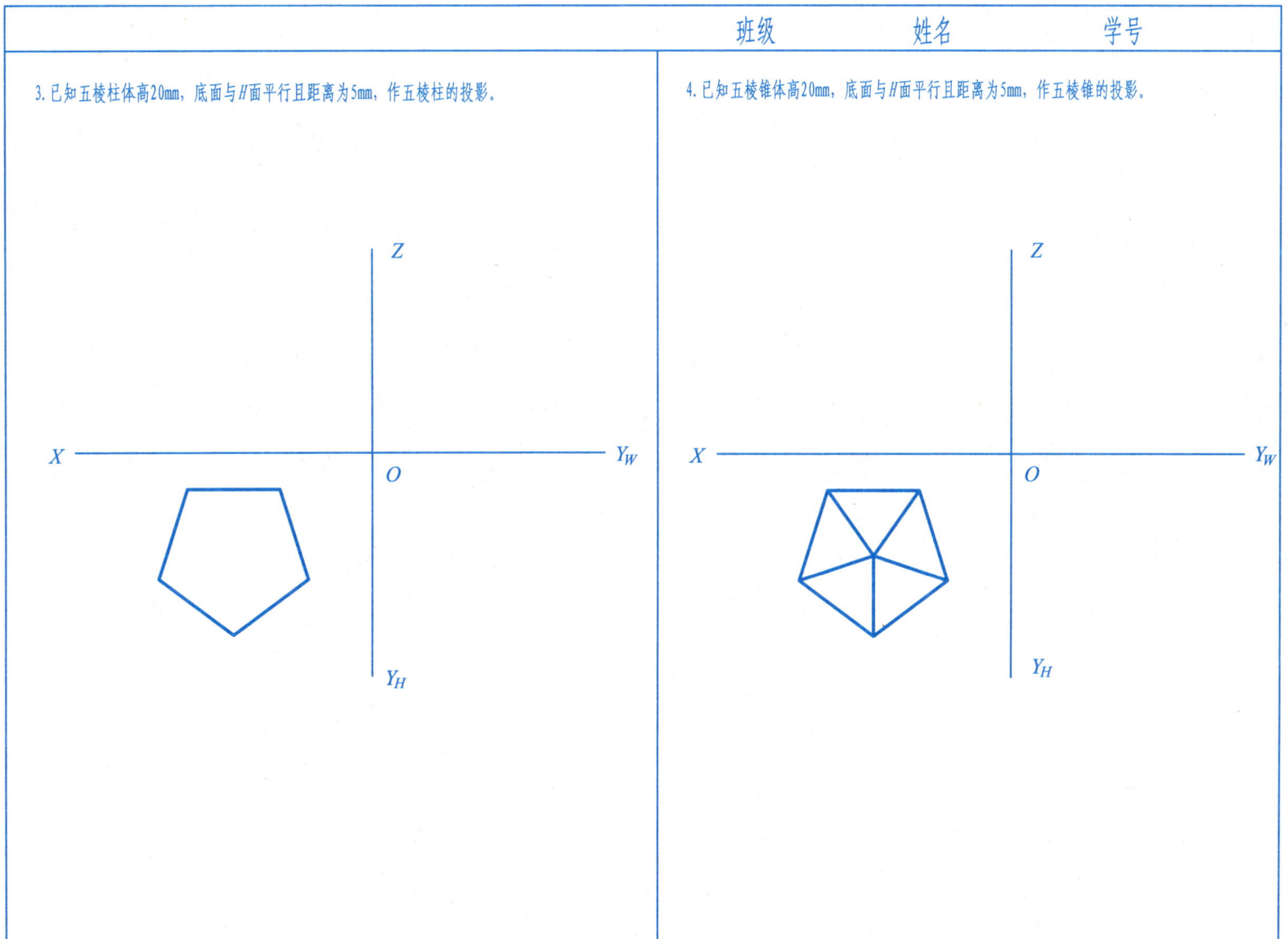

第4章 基本形体的投影

班级　　　　姓名　　　　学号

5. 已知四棱锥台的H面、W面投影，求作V面投影。

6. 已知正三棱柱底面边长15mm，高20mm，底面与H面平行，距离为3mm，且有一底边与V面平行，作正三棱柱的三面投影。

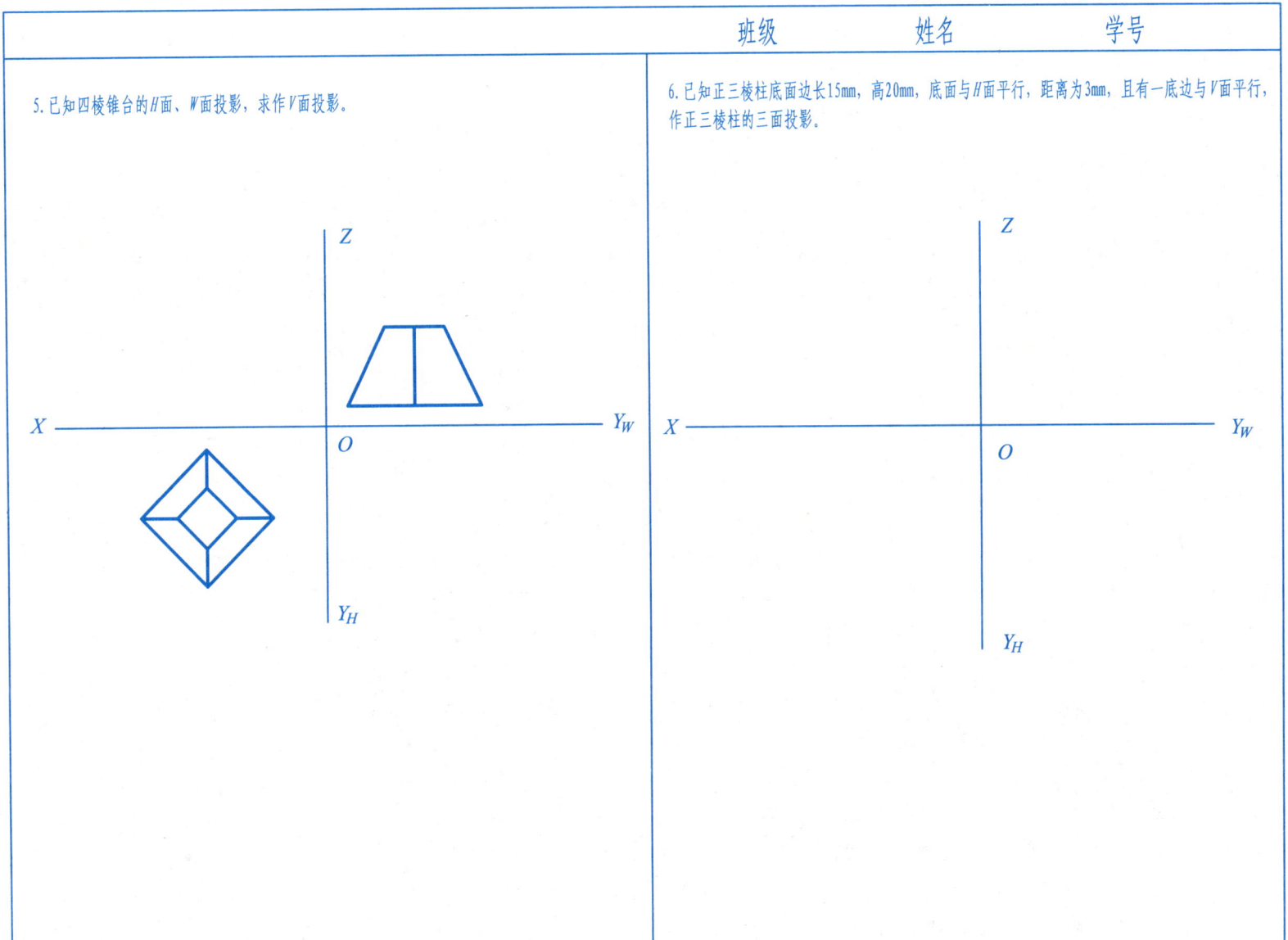

第4章 基本形体的投影

班级　　　姓名　　　学号

7. 根据平面体表面上点的一个投影，求作其他两个投影。

8. 根据平面体表面上点的一个投影，求作其他两个投影。

第4章 基本形体的投影

| 班级　　　　姓名　　　　学号 |

9. 补出平面体的侧面投影，并补全表面上各点的三面投影。

(1)

(2)

第4章 基本形体的投影

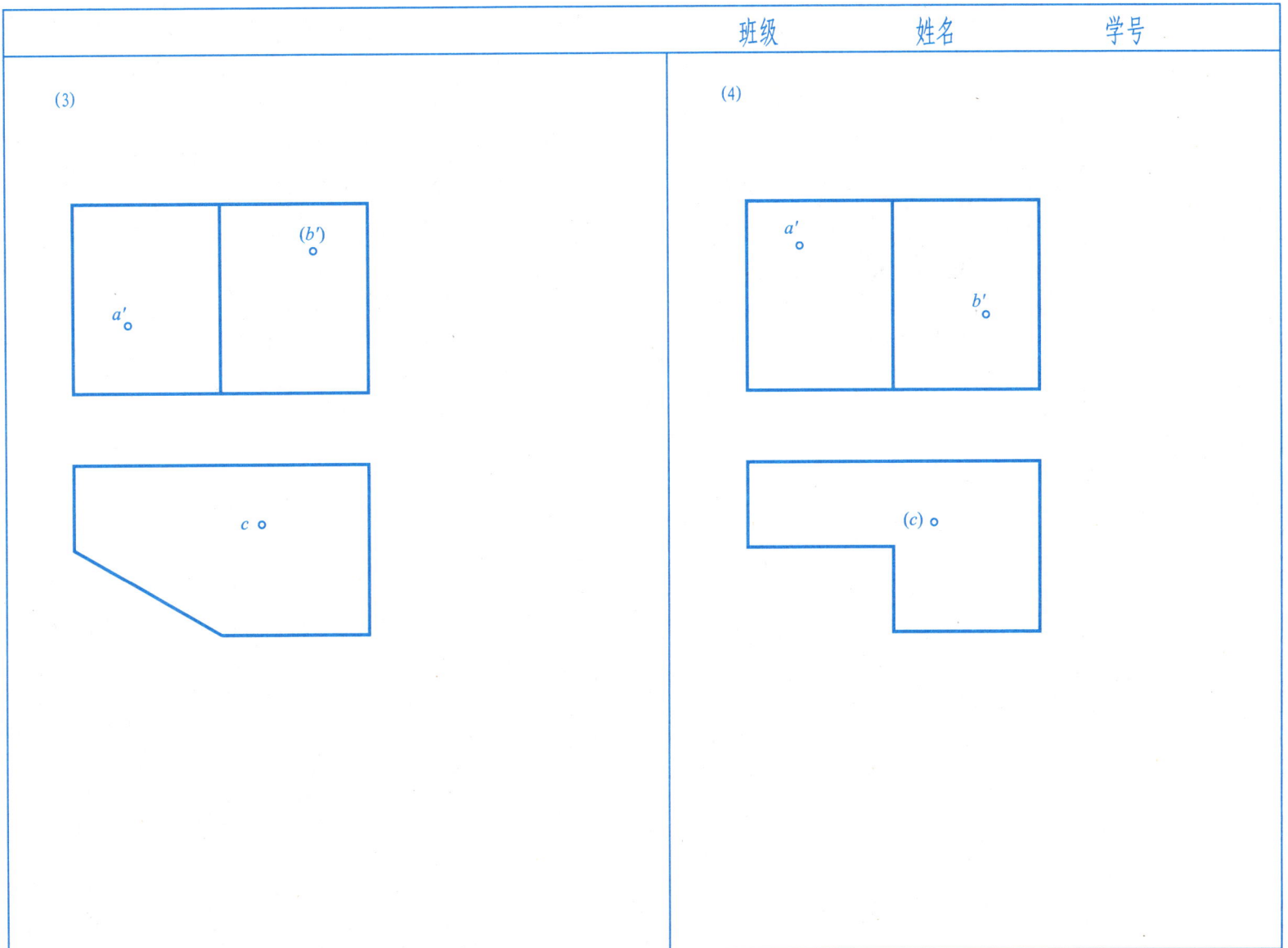

第4章 基本形体的投影

班级　　　　姓名　　　　学号

(5)

(6)

第4章 基本形体的投影

10.根据平面体表面上的点和直线的一个投影,求作其他两个投影。

(1)

(2)

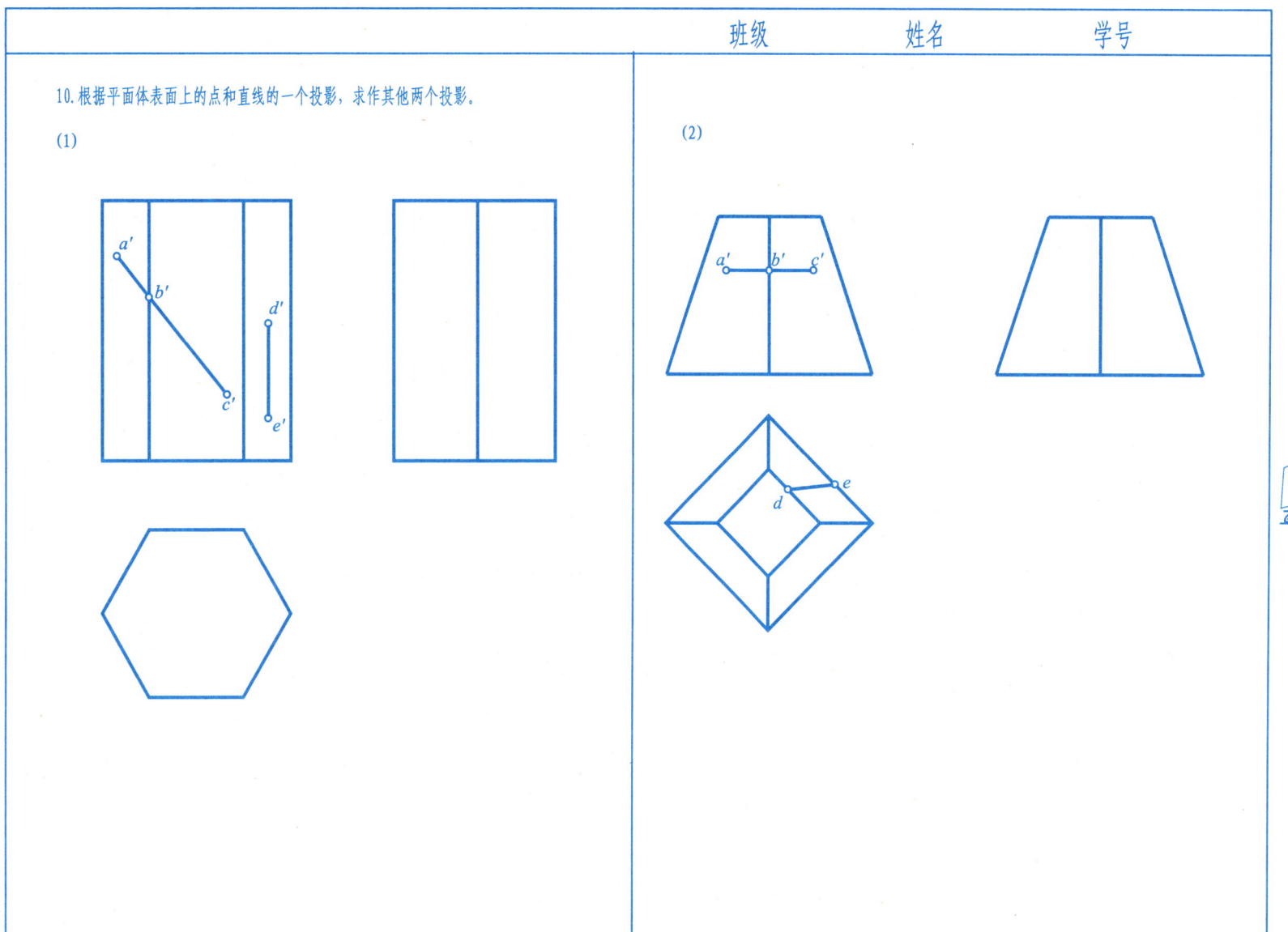

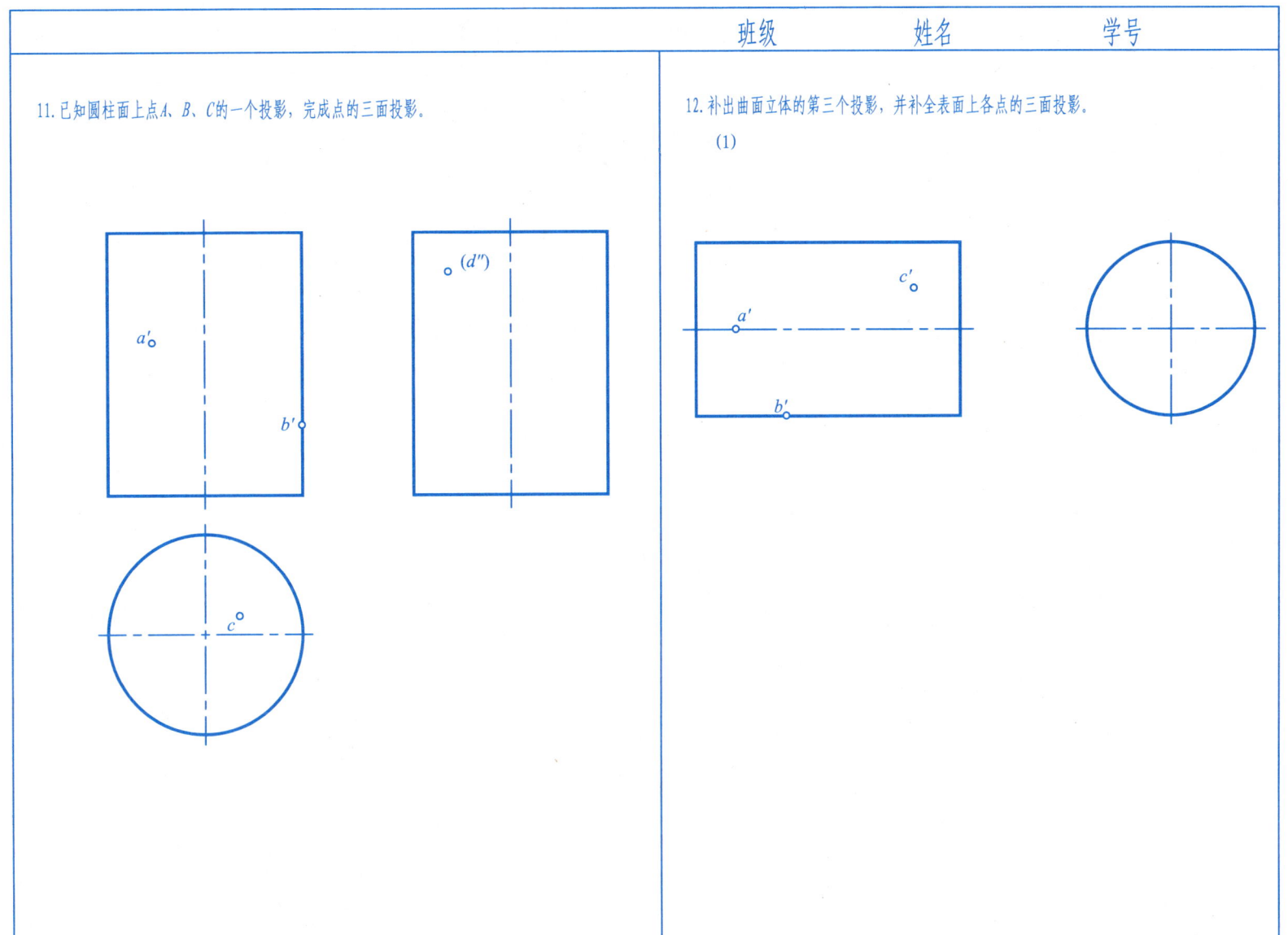

第4章 基本形体的投影

班级　　　　姓名　　　　学号

(2)

(3)

第4章 基本形体的投影

13. 补画基本立体的第三面投影，并求出其上点、线的其他两面投影。

(1)

(2)

第5章 组合体的投影

班级　　　　姓名　　　　学号

1. 根据立体图补全投影图中所缺的图线。

(1)

(2)

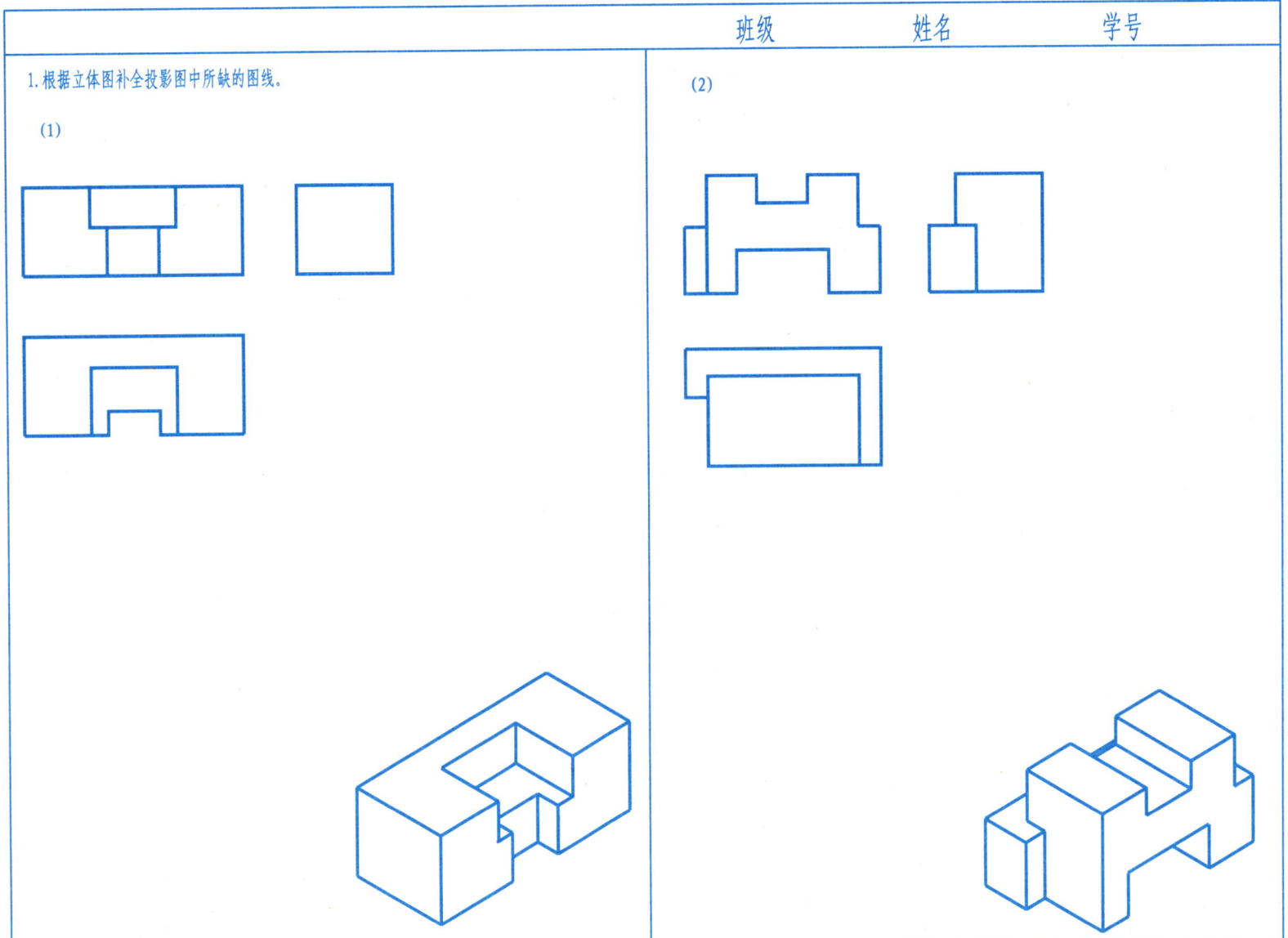

第5章 组合体的投影

班级　　　姓名　　　学号

(3)

(4)

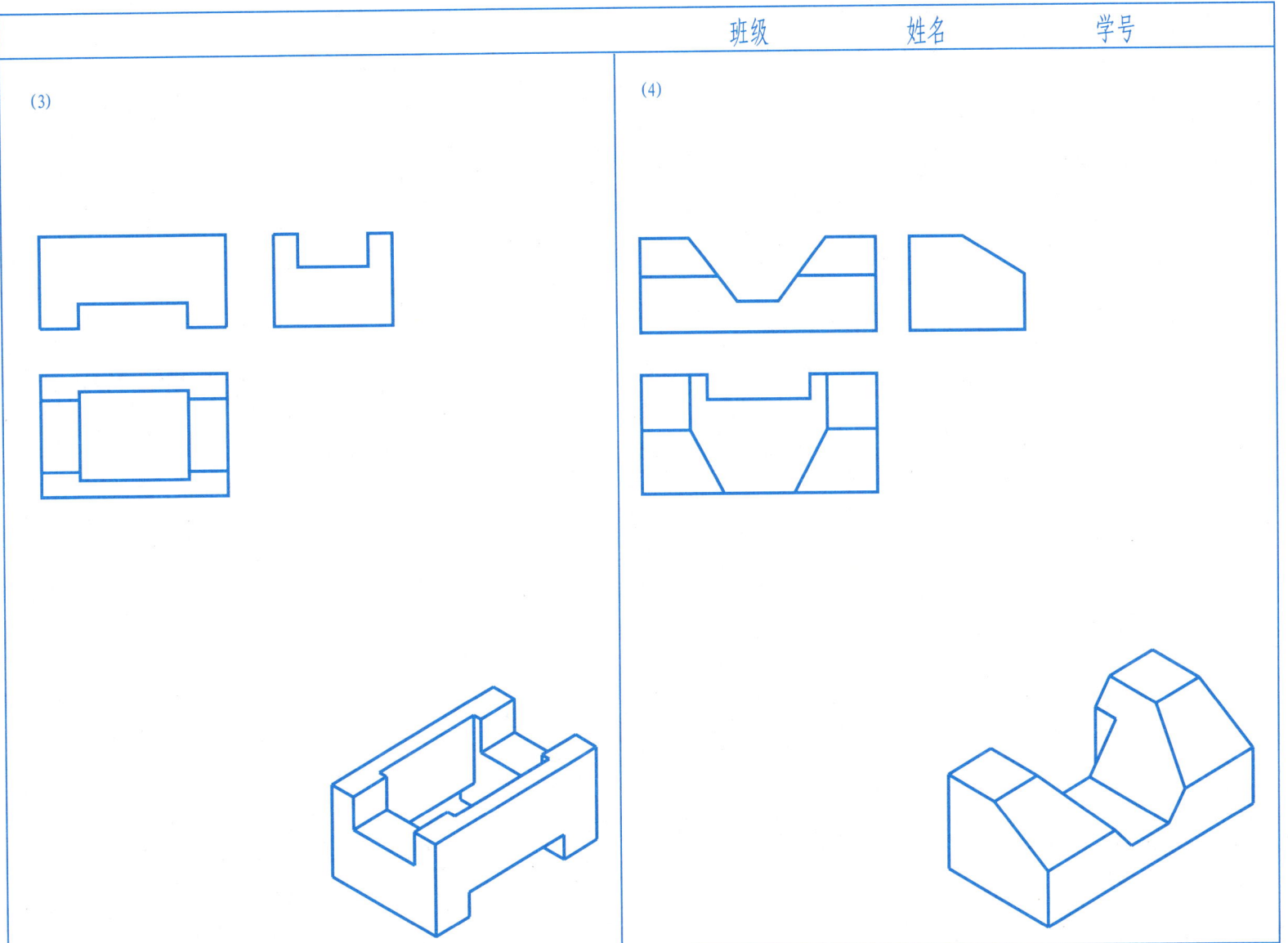

第5章 组合体的投影

班级　　　姓名　　　学号

2.根据轴测图，补画第三投影图。

(1)

(2)

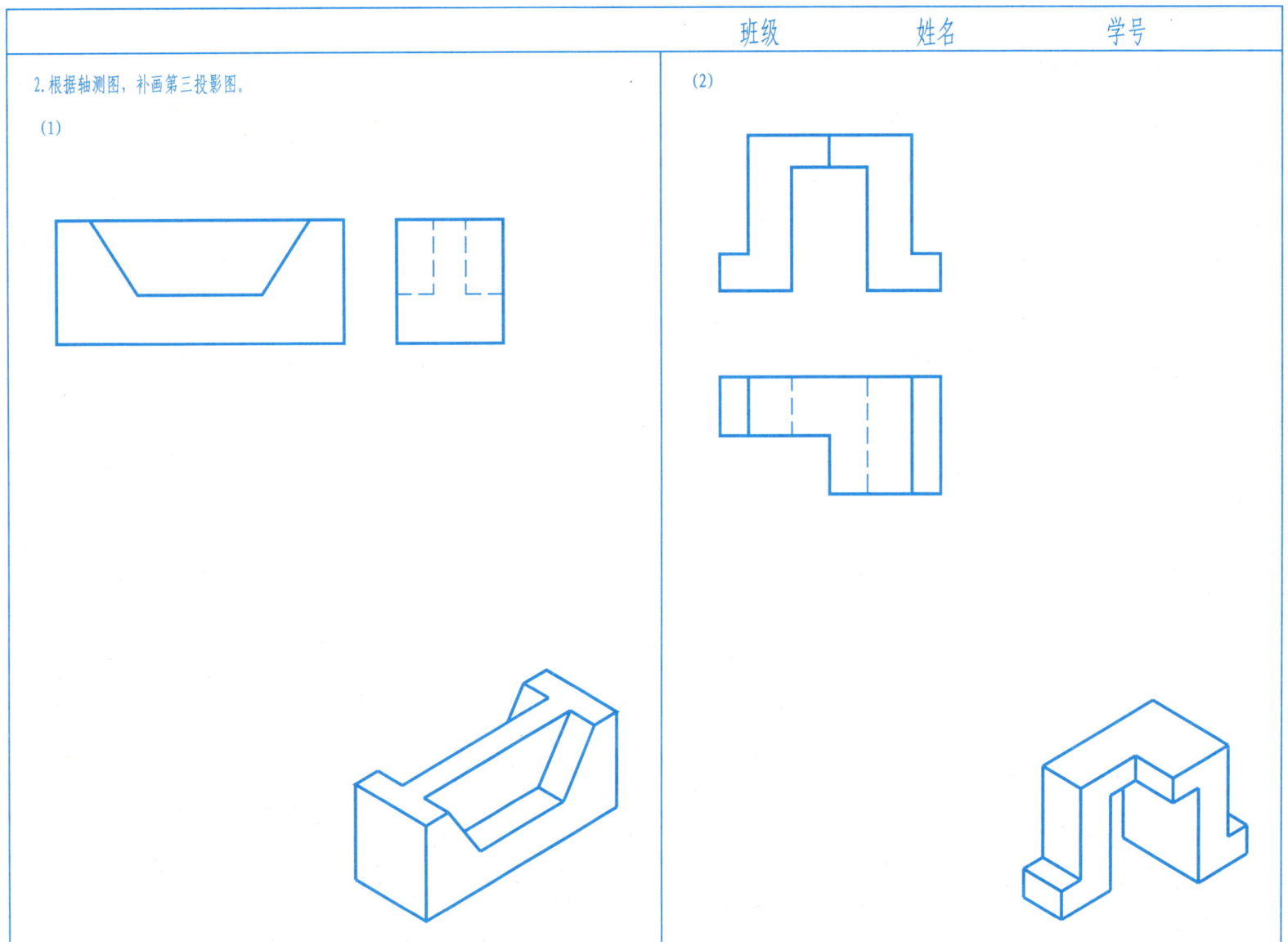

第5章 组合体的投影

班级　　　姓名　　　学号

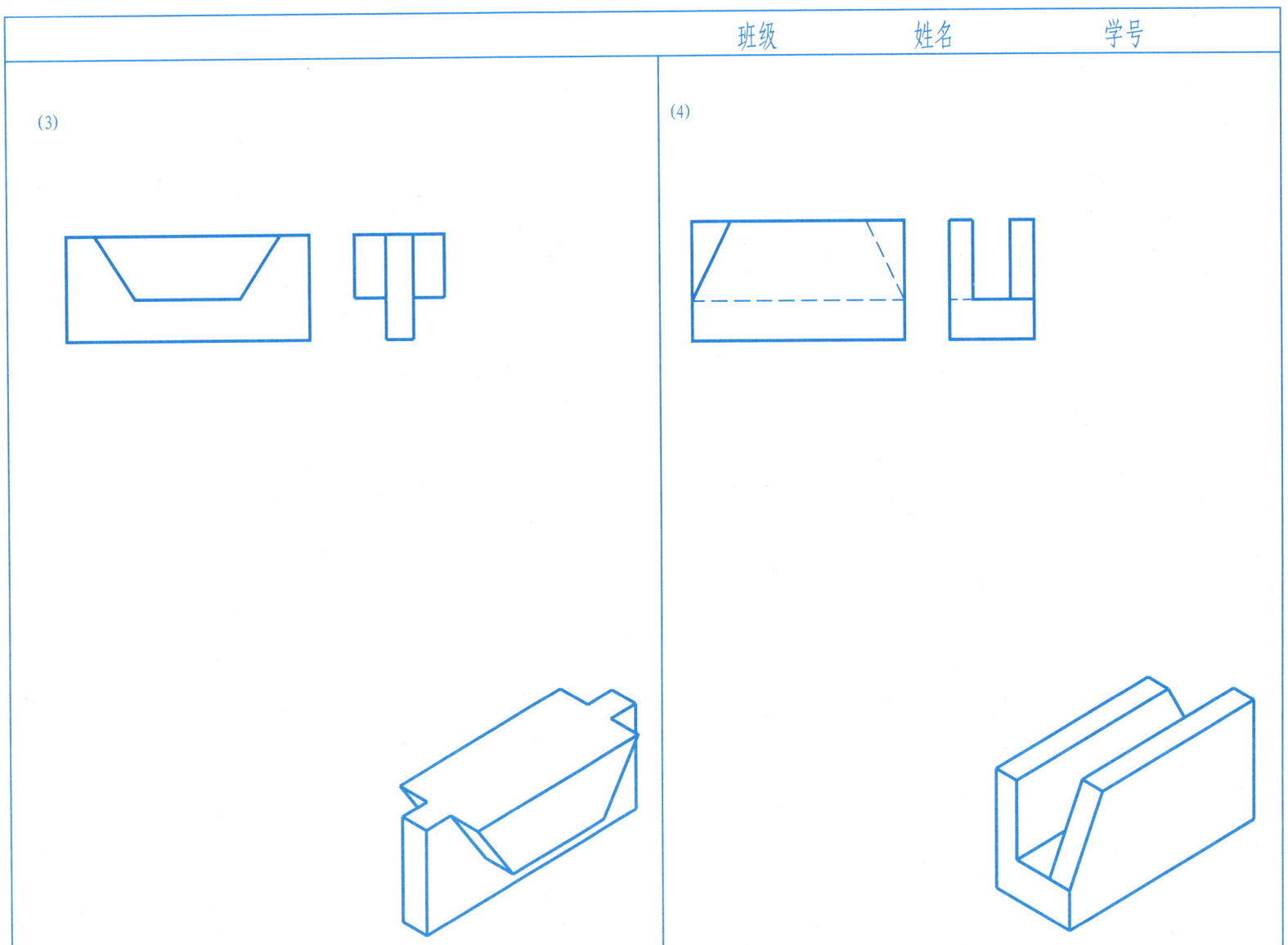

第5章 组合体的投影

班级　　　姓名　　　学号

3. 根据立体图画三视图。

(1)

(2)

第5章　组合体的投影

班级　　　姓名　　　学号

(3)

(4)

·41·

第5章 组合体的投影

班级　　　姓名　　　学号

(5)

(6)

第5章 组合体的投影

班级　　　姓名　　　学号

(7)

(8)

第5章　组合体的投影

班级　　　姓名　　　学号

(9)

(10)

·44·

第5章　组合体的投影

班级　　　姓名　　　学号

(11)

(12)

·45·

第5章　组合体的投影

班级　　　姓名　　　学号

(13)

(14)

第5章 组合体的投影

班级　　　姓名　　　学号

(15)

(16)

第5章 组合体的投影

班级　　　姓名　　　学号

(17)

(18)

·48·

第5章 组合体的投影

班级　　　姓名　　　学号

(19)

(20)

第5章 组合体的投影

班级　　　姓名　　　学号

4.补画形体的第三投影图。

(1)

(2)

第5章 组合体的投影

班级　　　姓名　　　学号

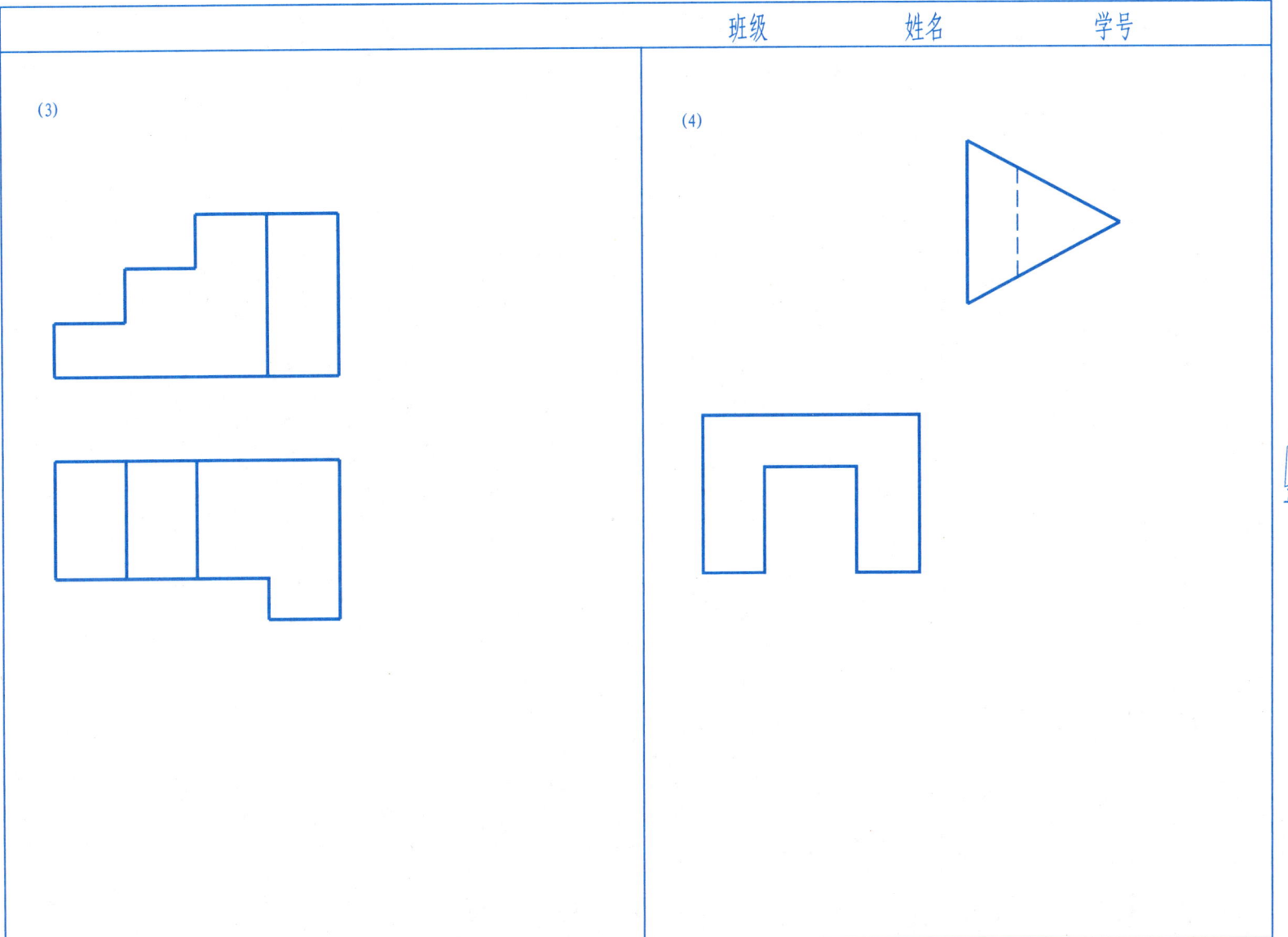

第5章 组合体的投影

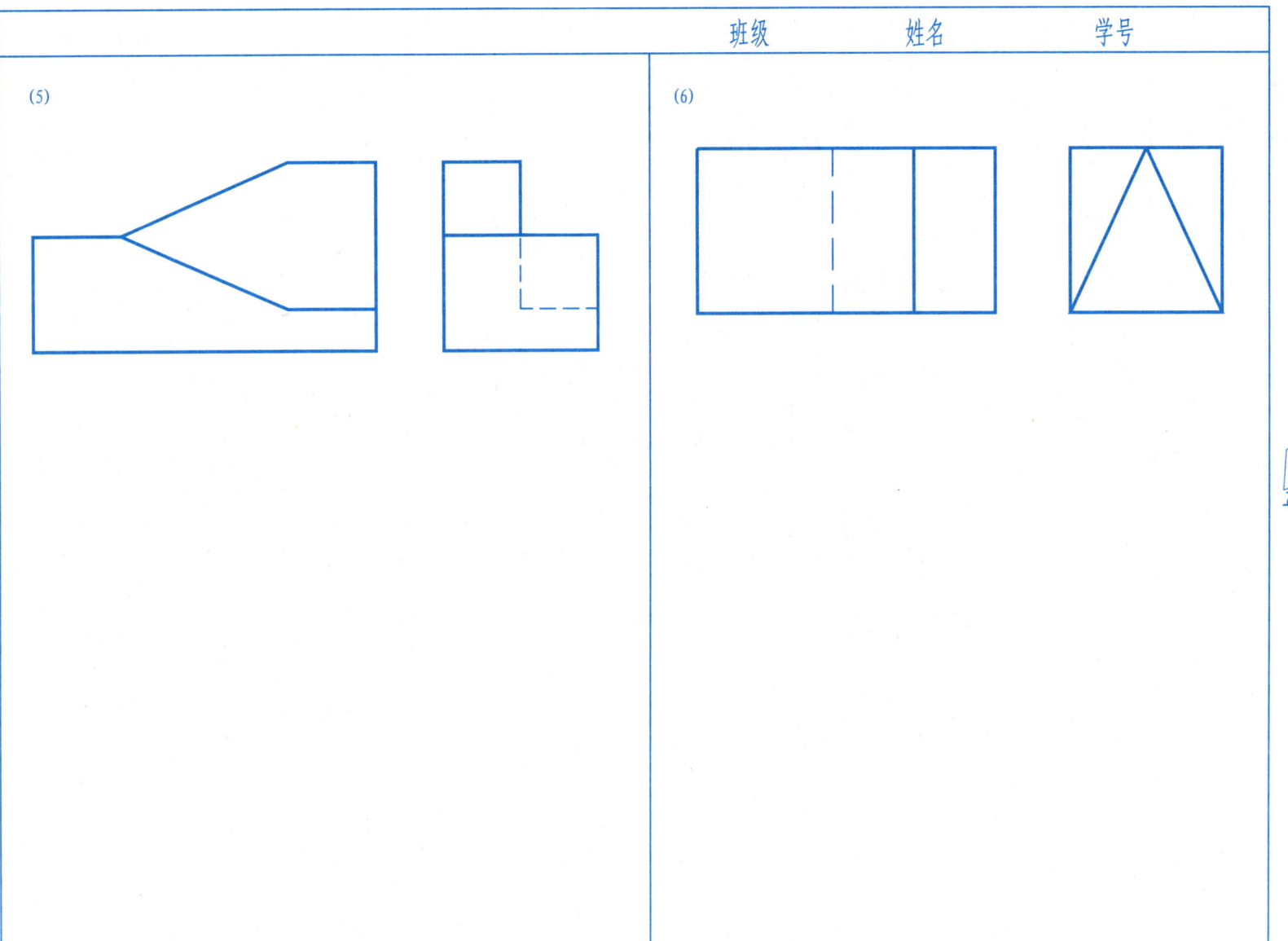

第5章 组合体的投影

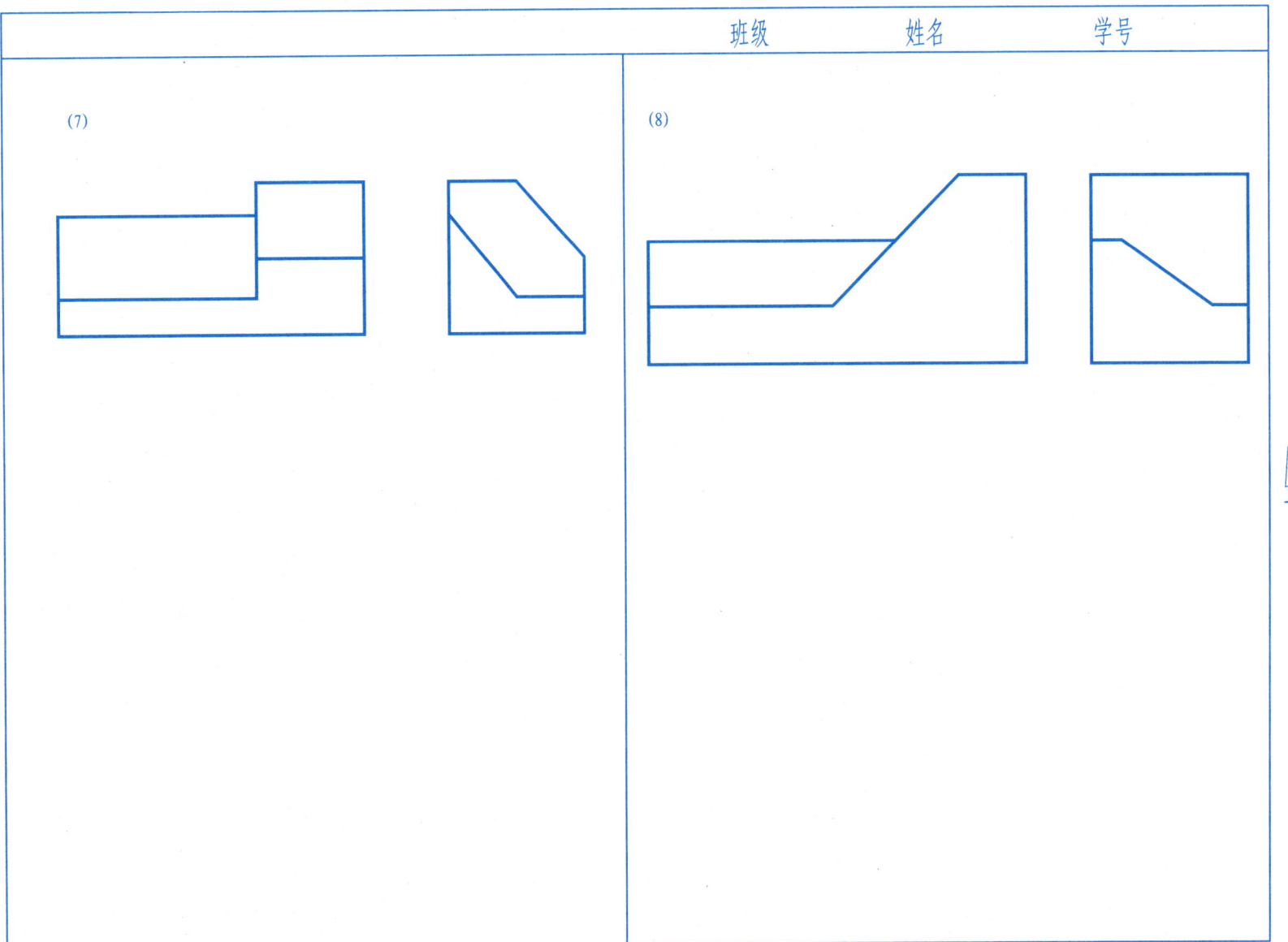

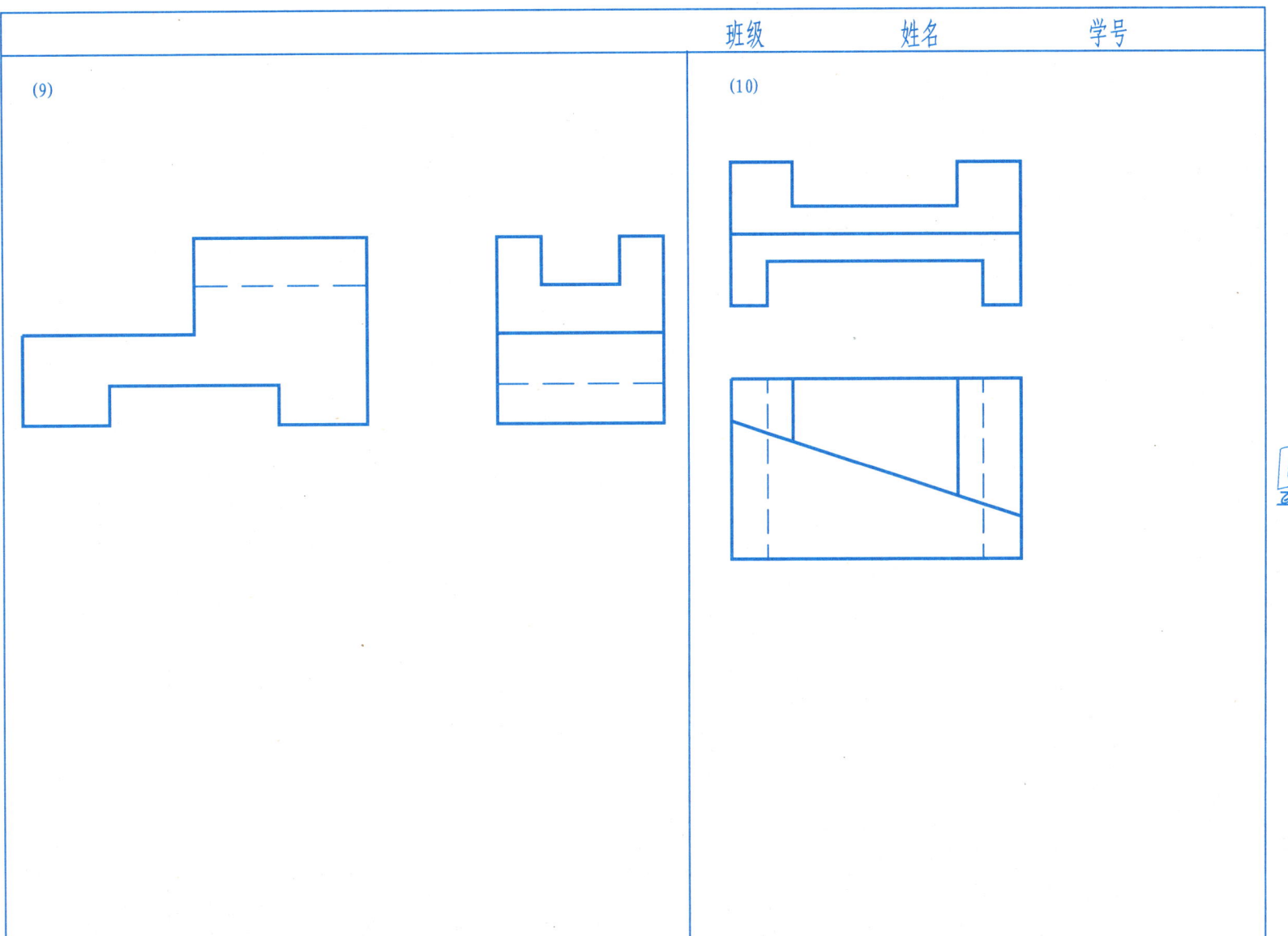

第 5 章 组合体的投影

班级　　　　姓名　　　　学号

(11)

(12)

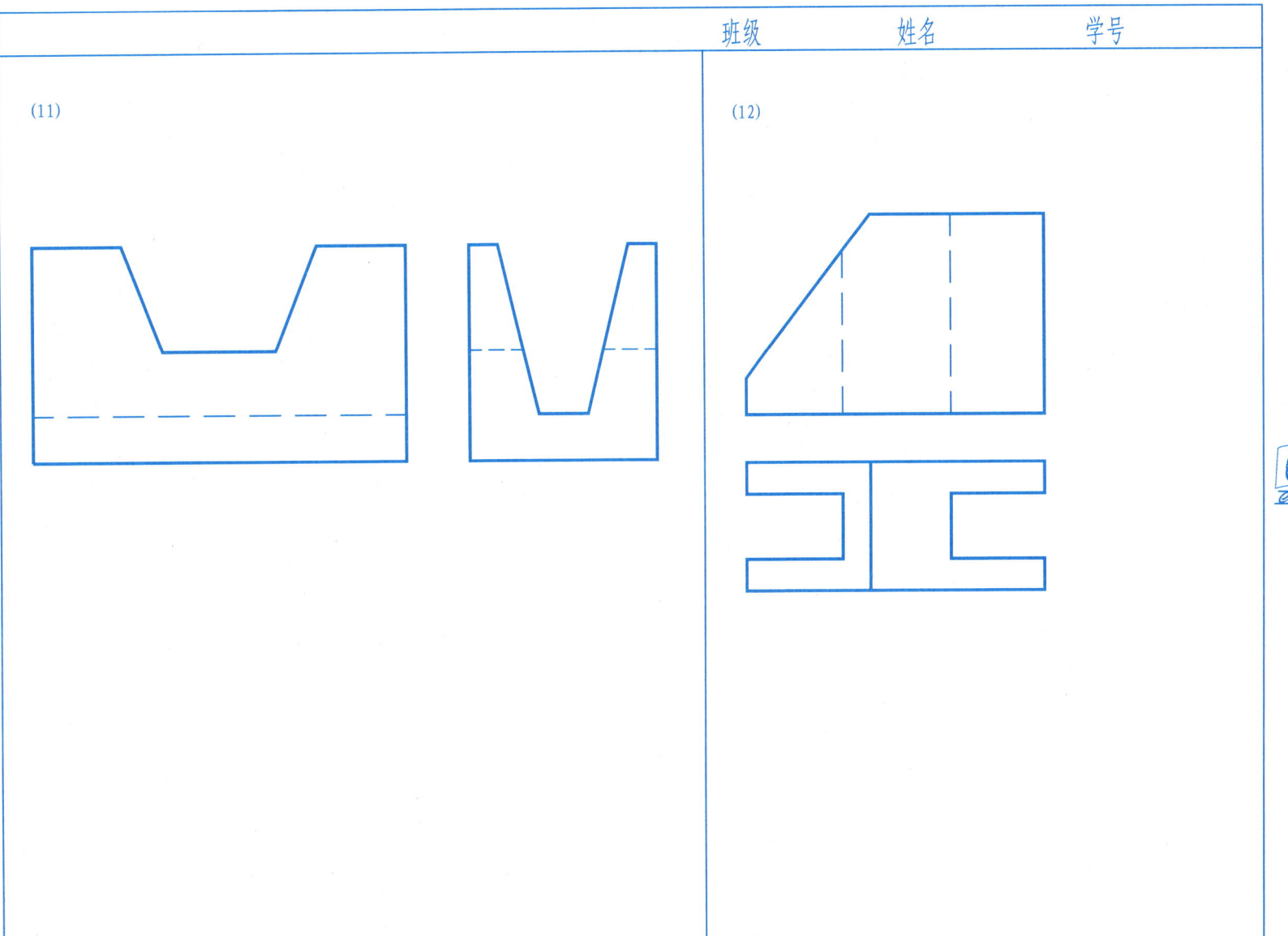

第5章 组合体的投影

班级　　　　姓名　　　　学号

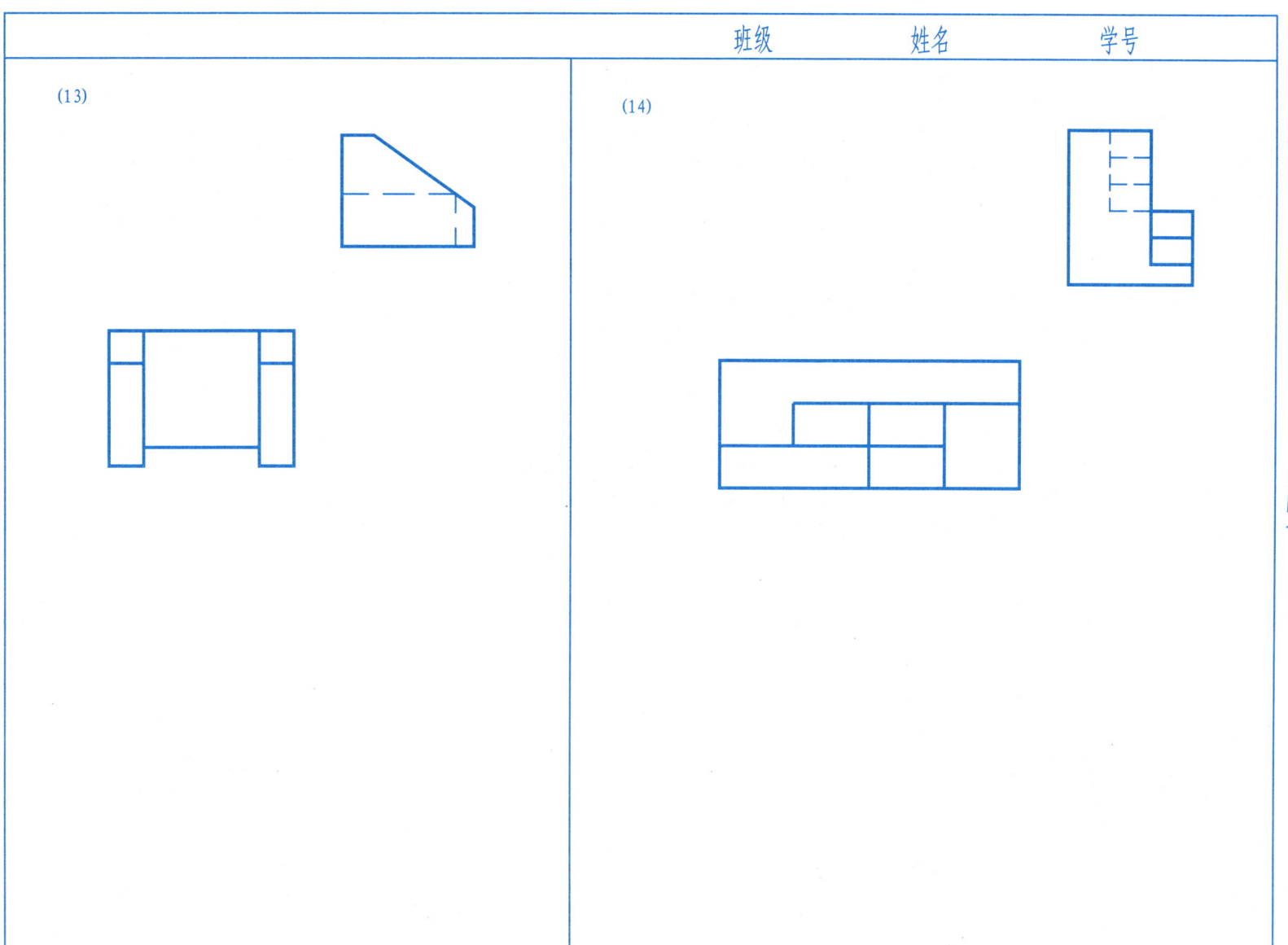

(13)

(14)

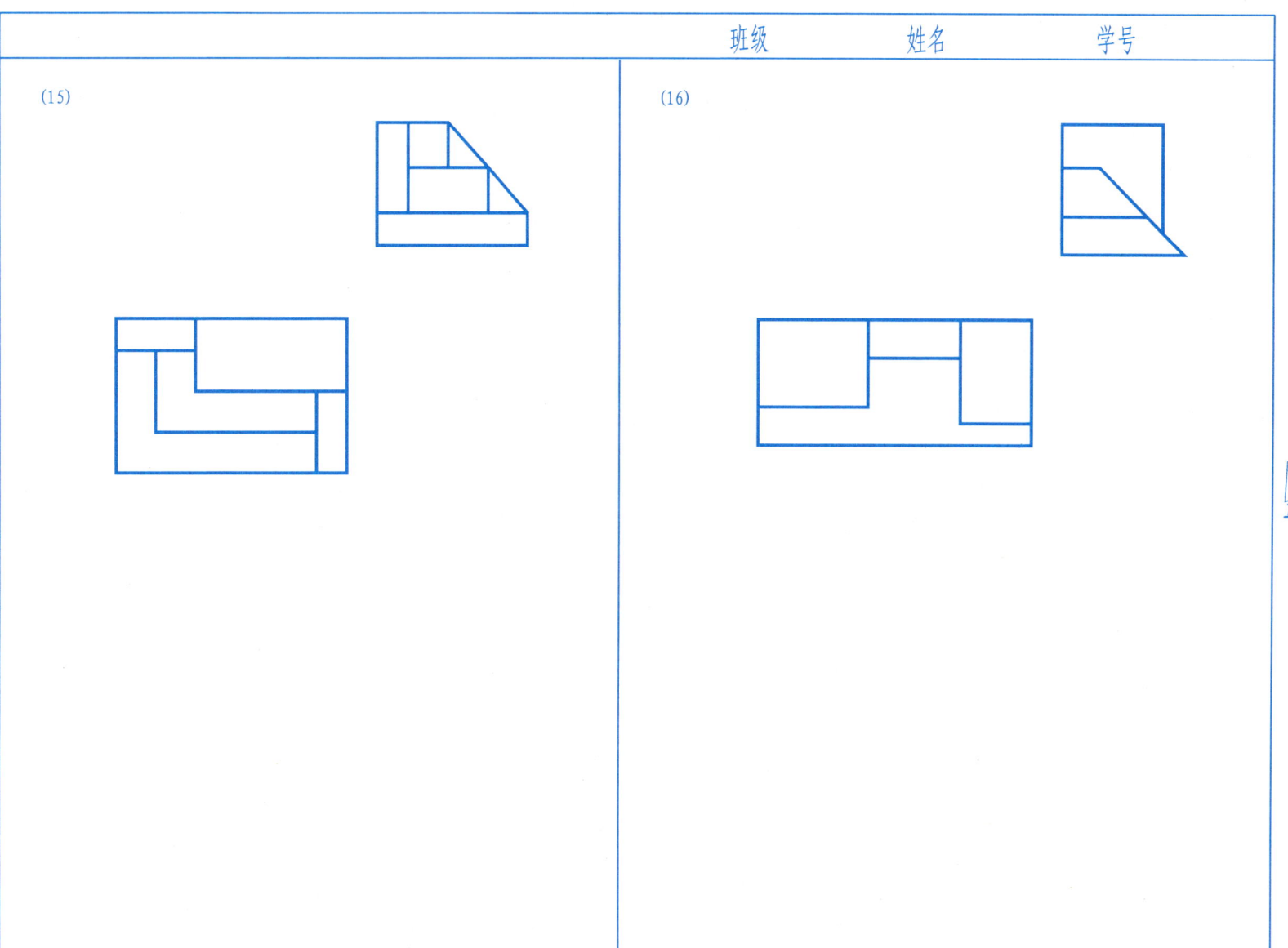

第5章 组合体的投影

班级　　　姓名　　　学号

5.标注各组合体的尺寸（尺寸数字从图上直接量取，比例为1:1，单位为mm）。

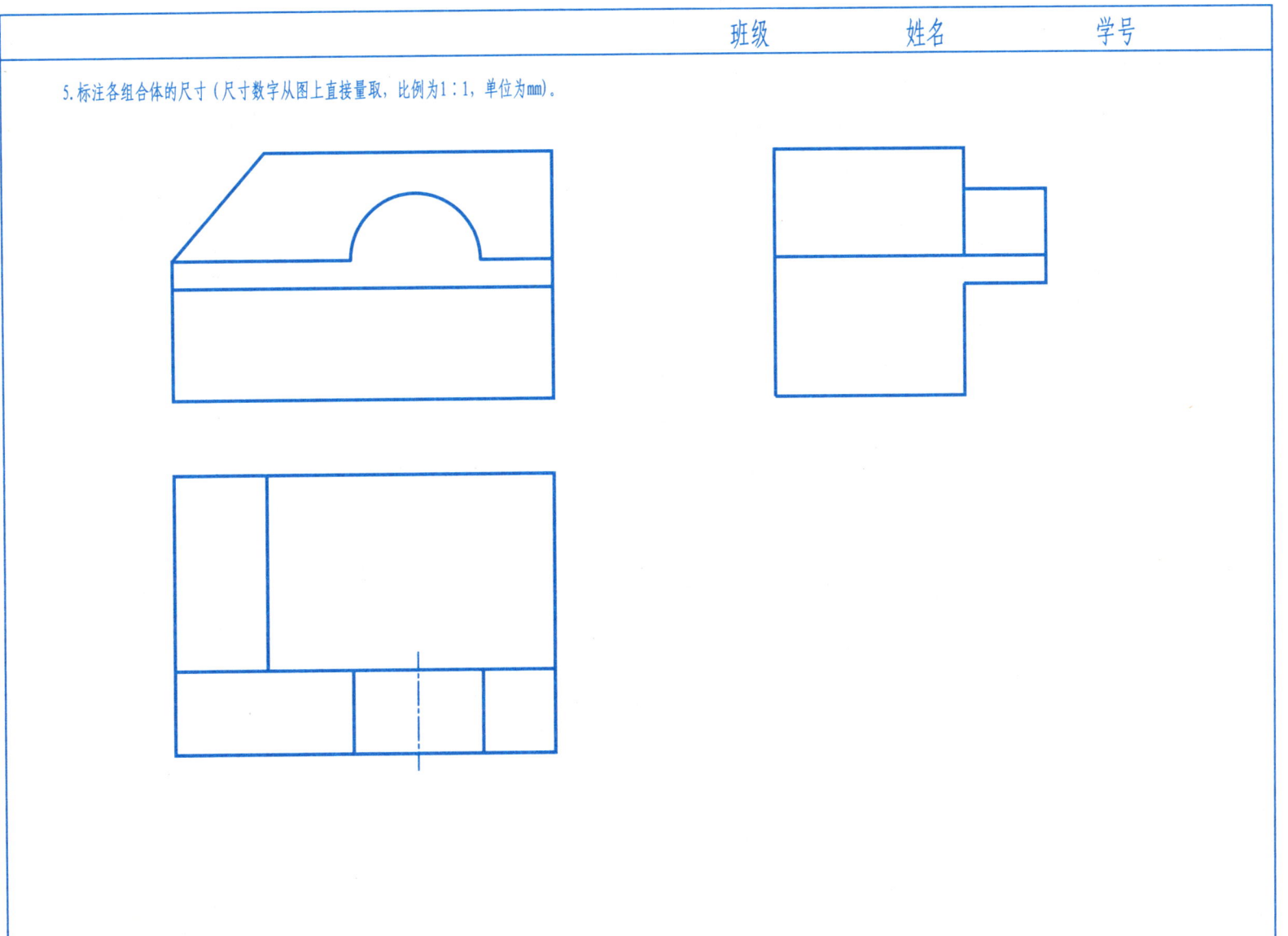

第5章 组合体的投影

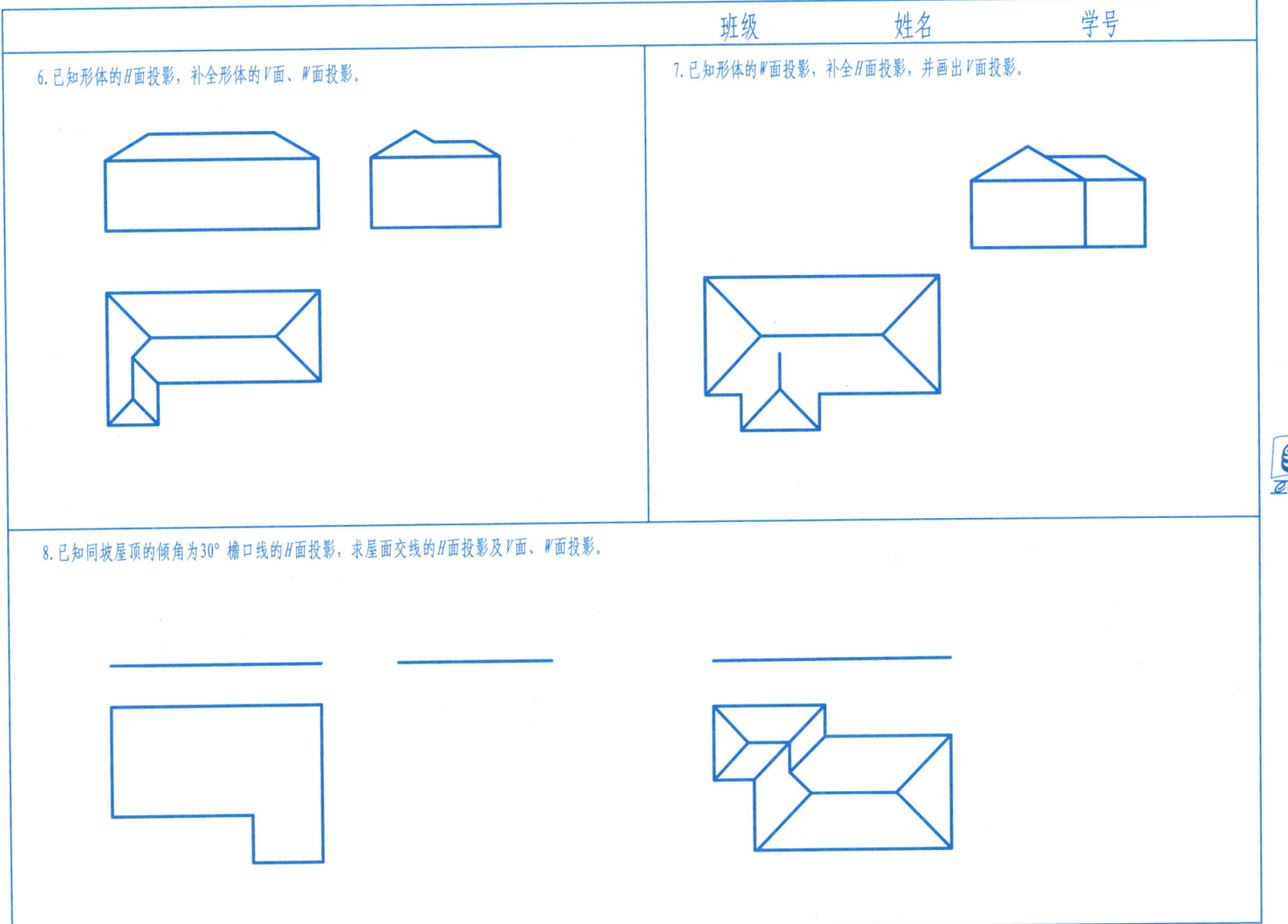

第5章 组合体的投影

班级　　　　姓名　　　　学号

9. 已知同坡屋顶的倾角 α = 30° 及檐口线的 H 面投影，求屋面交线的 H 面投影及 V 面、W 面投影。

10. 已知同坡屋顶的倾角 α = 30° 及檐口线的 H 面投影，求屋面交线的 H 面投影及 V 面、W 面投影。

第6章 轴测投影

| 班级　　　　姓名　　　　学号 |

1. 根据形体的三面投影图，作出其正等轴测图。

(1)

(2)

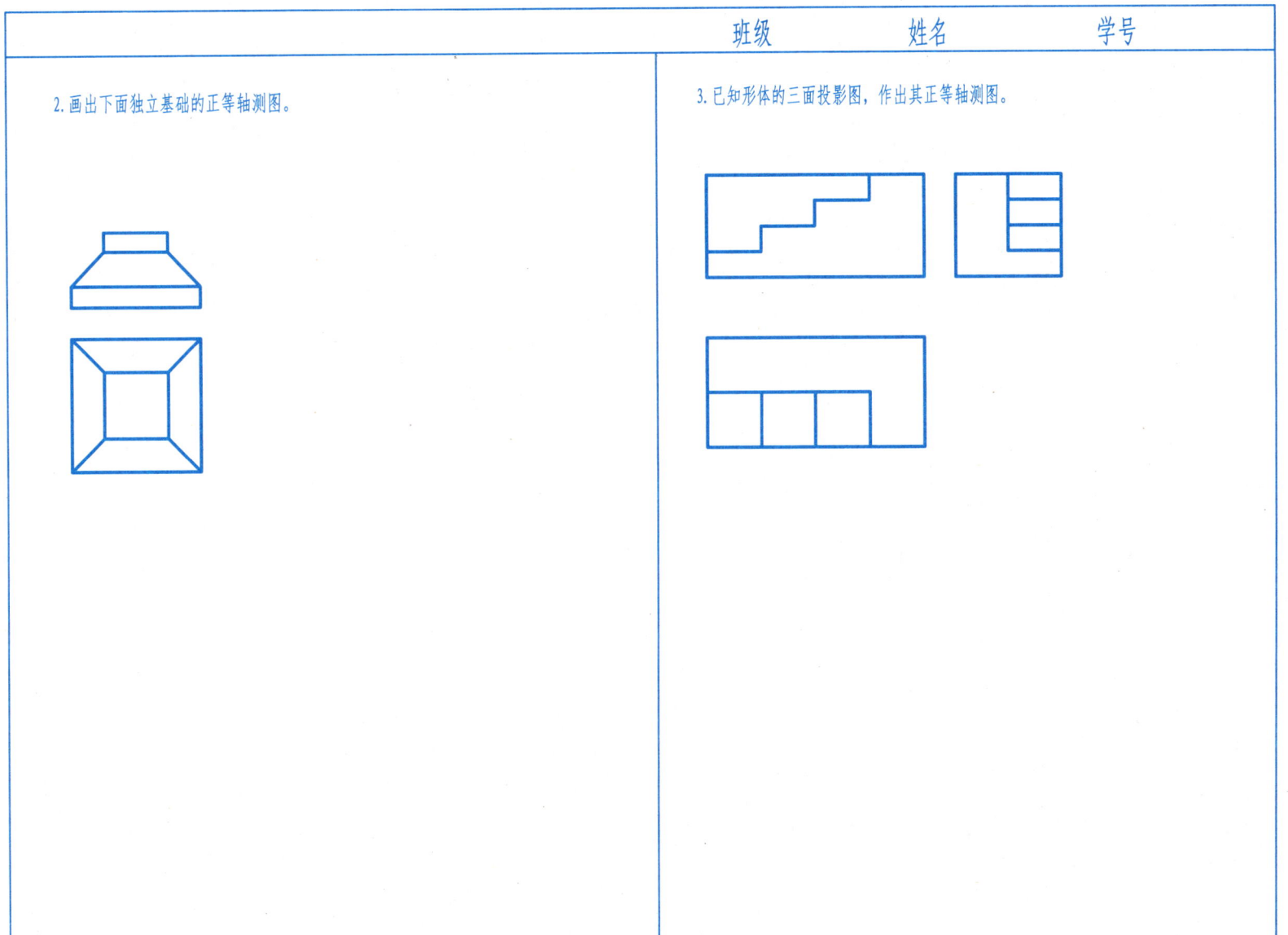

第6章 轴测投影

班级　　　姓名　　　学号

4. 根据柱基的投影图，作出其斜二轴测图。

5. 根据四棱台的投影图，作出其斜二轴测图。

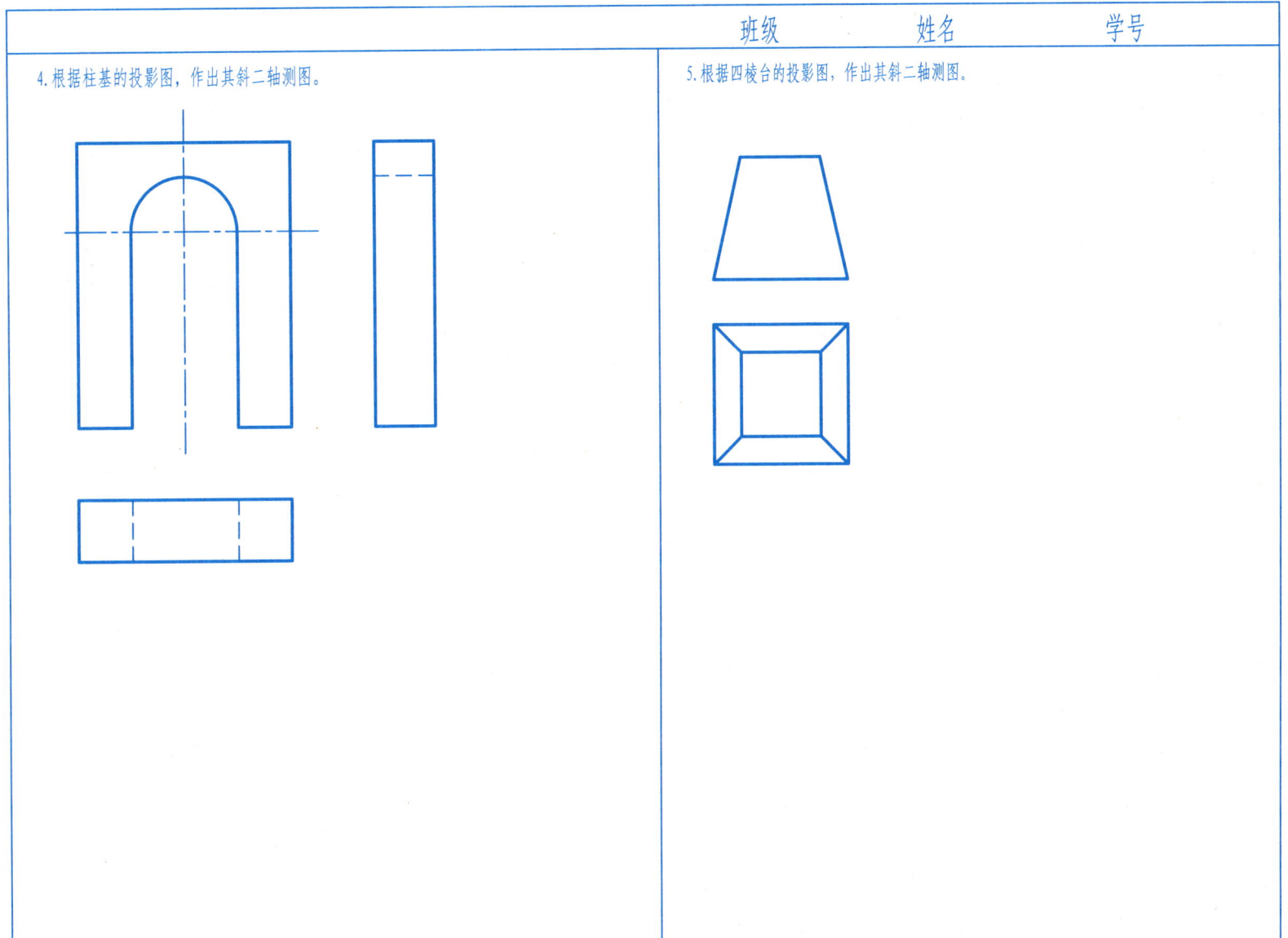

第6章 轴测投影

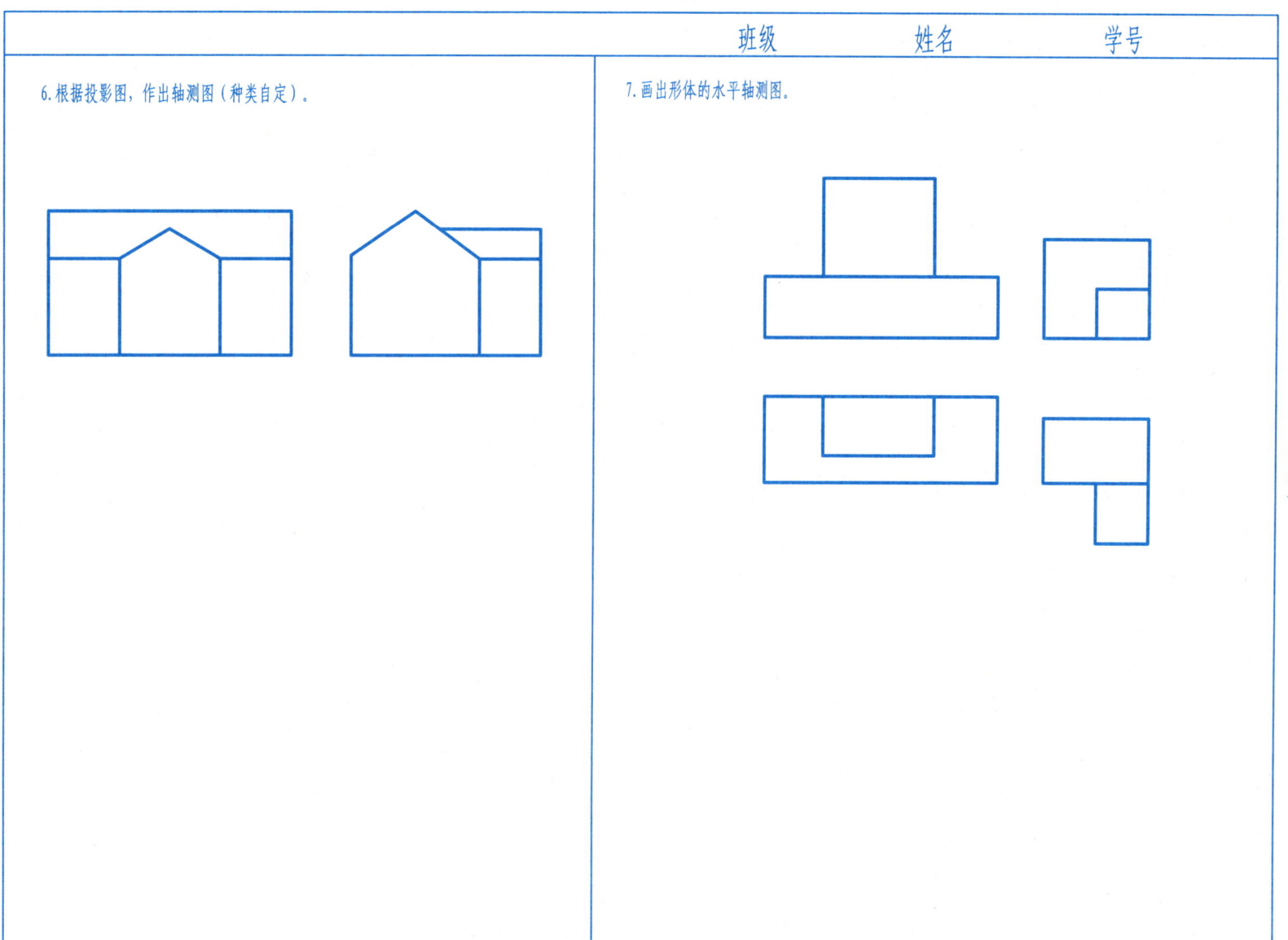

第7章 剖面图与断面图

1. 作1—1剖面图。

2. 作形体的半剖面图。

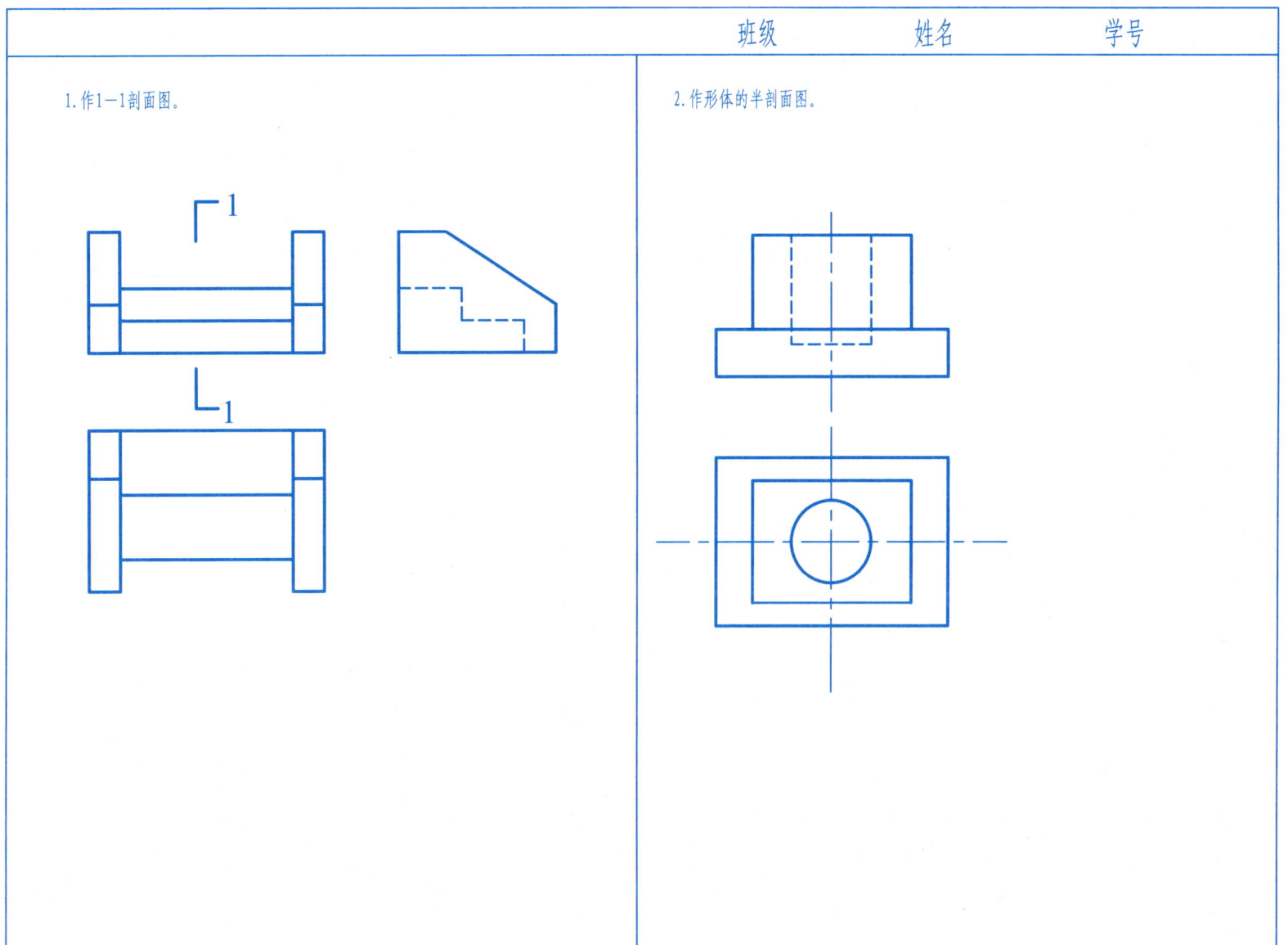

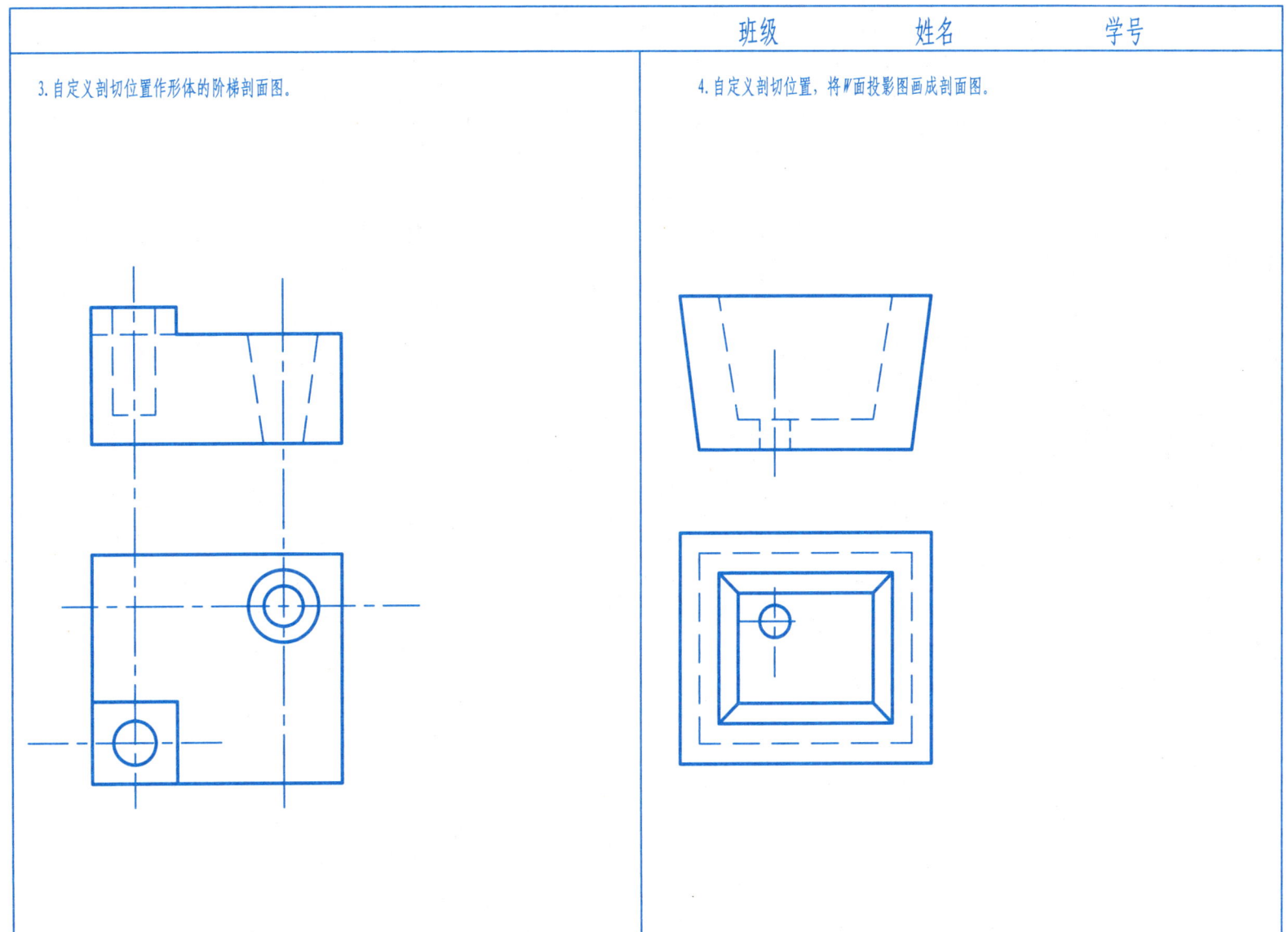

第7章 剖面图与断面图

5. 找出并改正下列剖面图中多余或所缺的线条（多余的线条打"✗"，缺的线条补上）。

(1)

(2)

第7章 剖面图与断面图

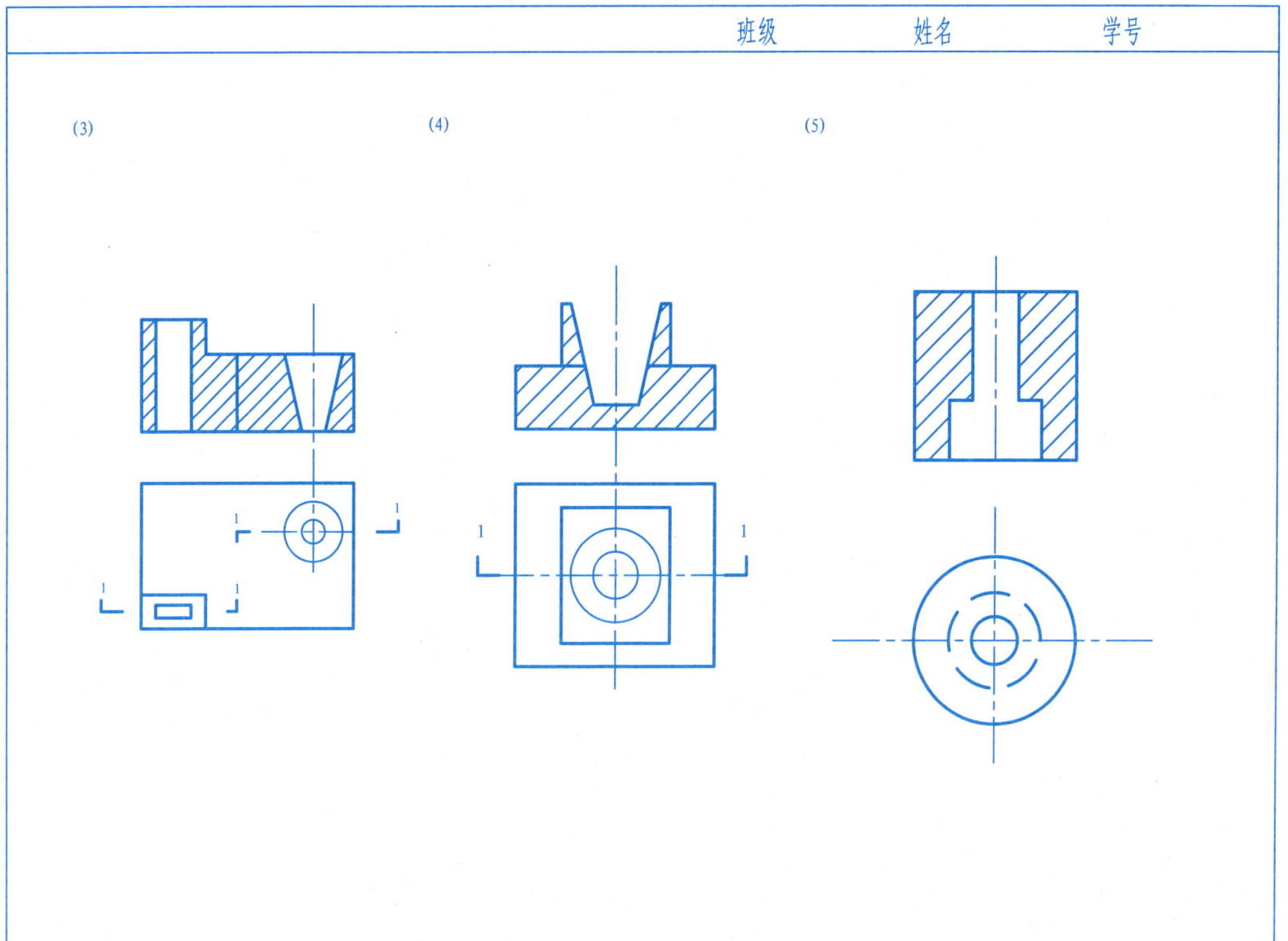

第7章 剖面图与断面图

班级　　　　姓名　　　　学号

6. 在H面上画出全剖面图。

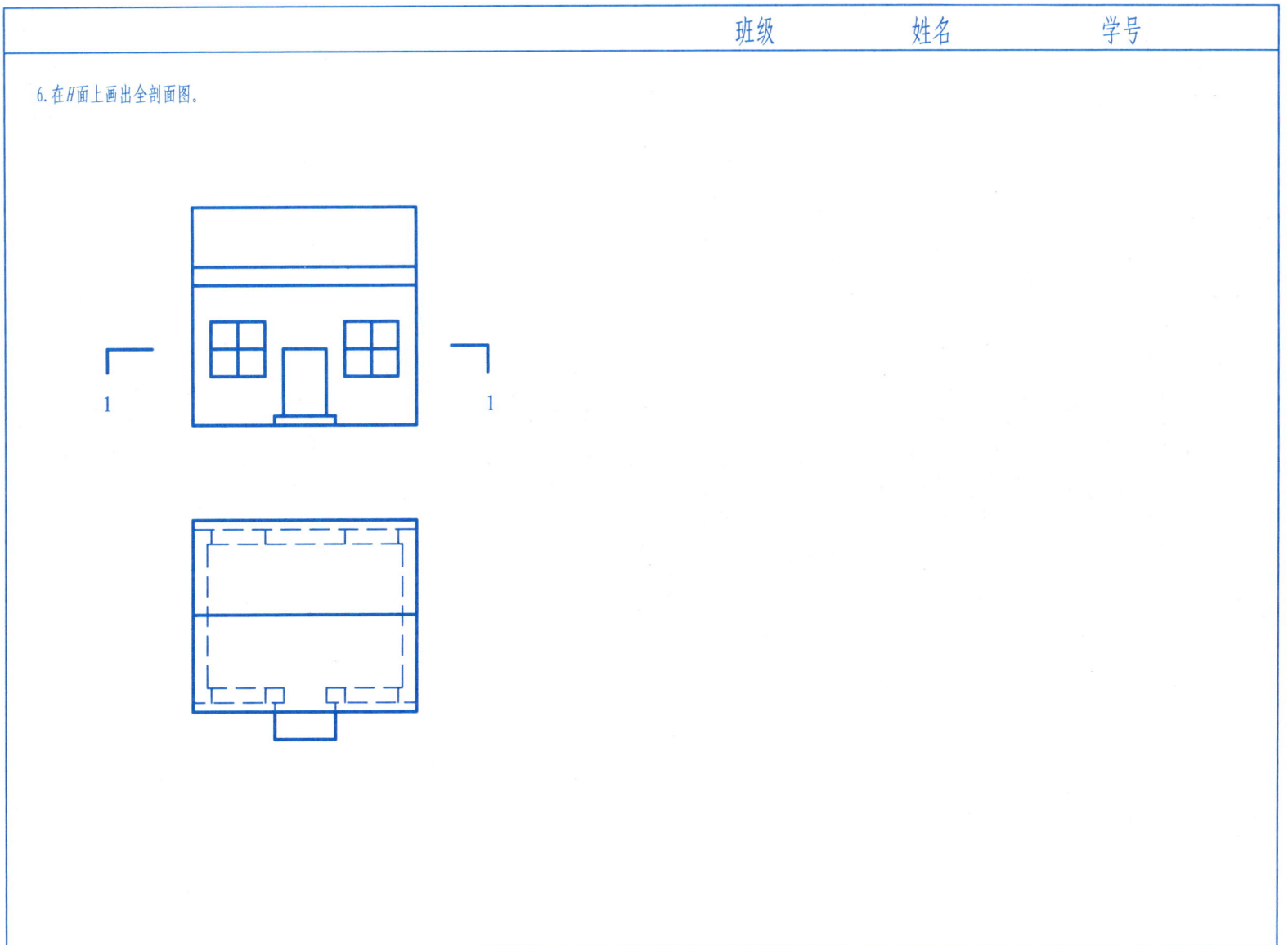

第7章 剖面图与断面图

7. 画出柱子的1—1、2—2、3—3断面图。

第7章 剖面图与断面图

班级　　　　姓名　　　　学号

7. 画出柱子的1—1、2—2、3—3断面图。

第7章 剖面图与断面图

8. 画出1—1、2—2断面图。

9. 已知梁的投影，画出1—1、2—2断面图。

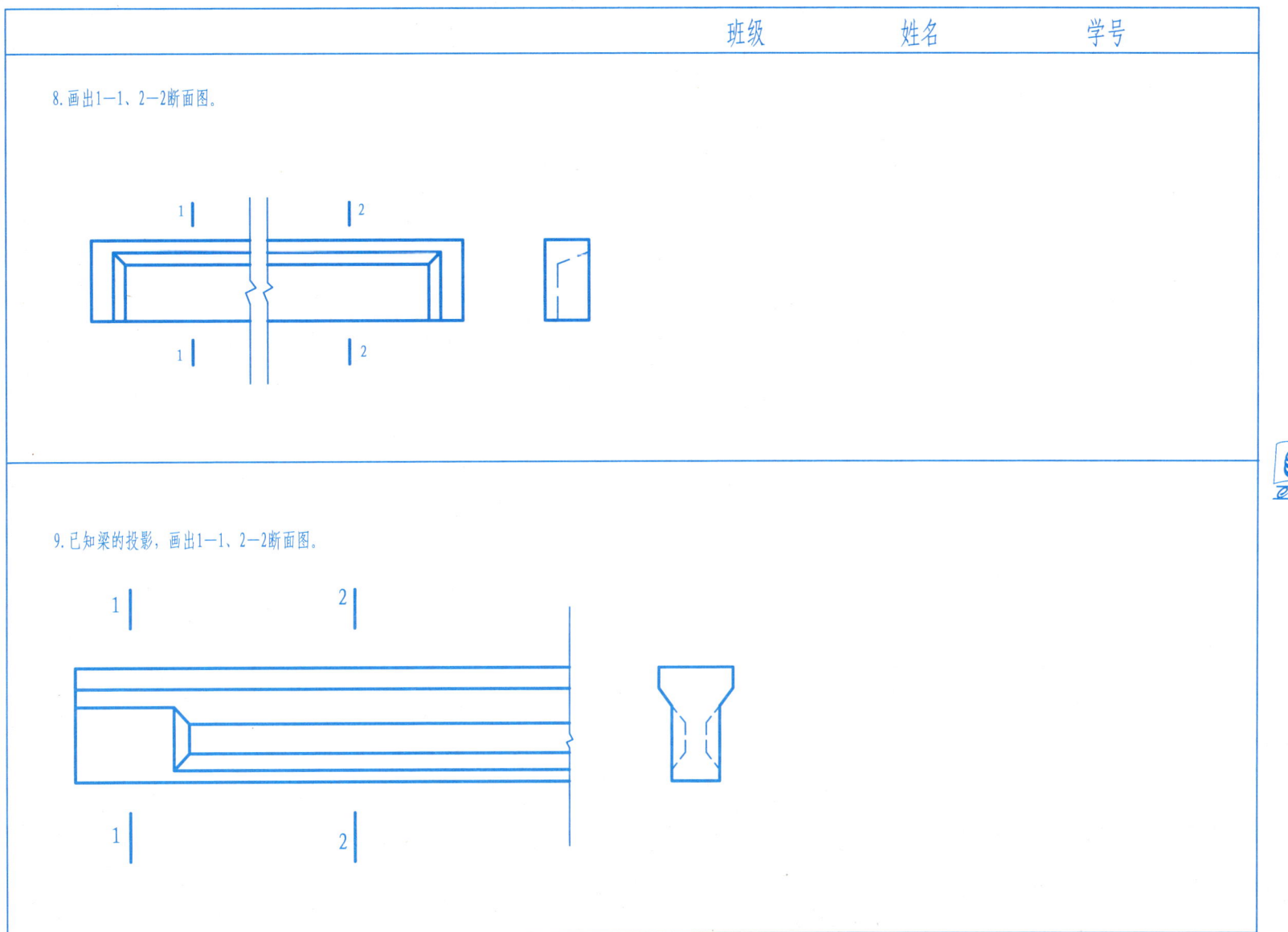

第7章 剖面图与断面图

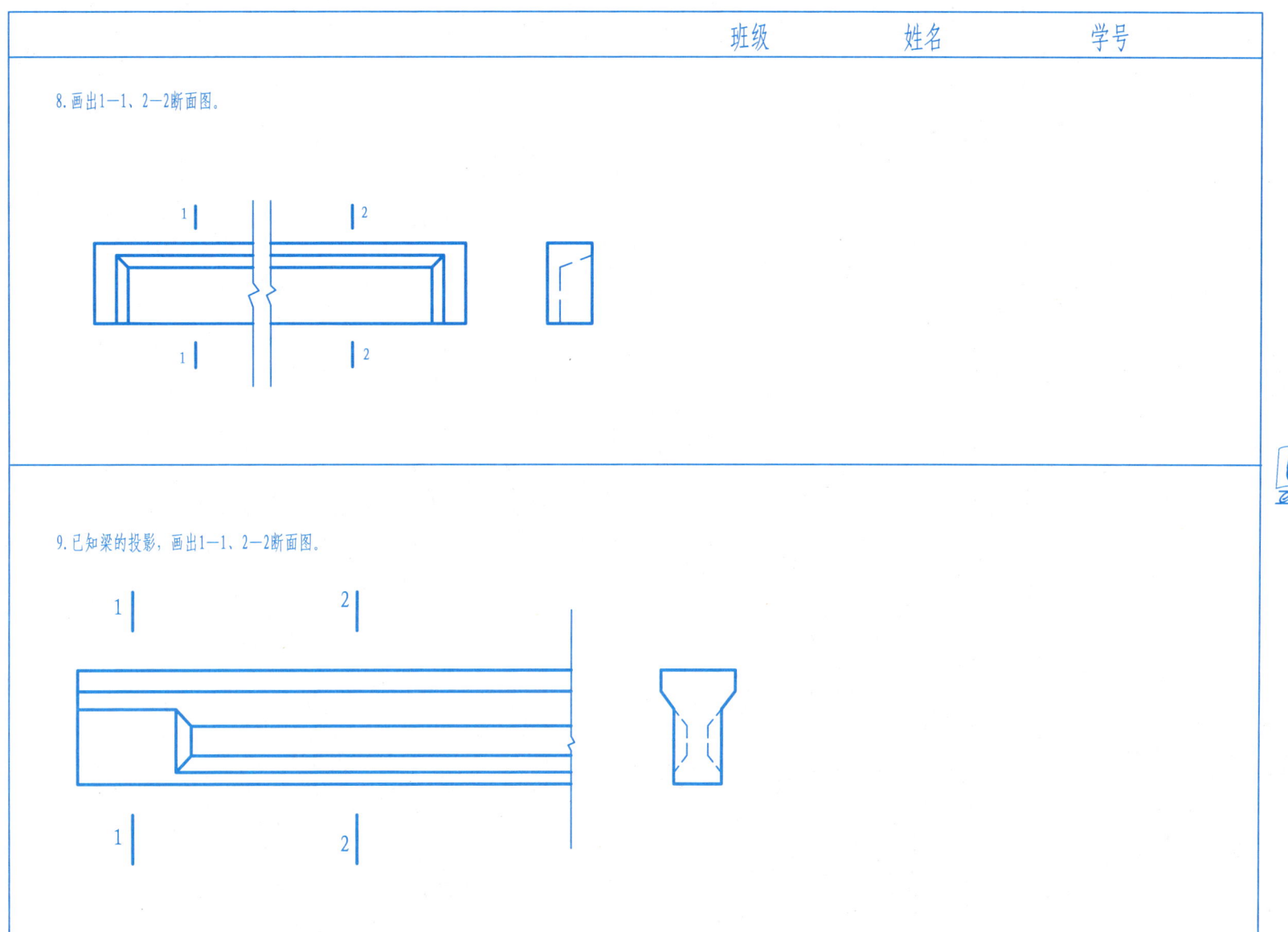

第7章 剖面图与断面图

10. 已知型钢的投影图,把断面图画在型钢的中断处。

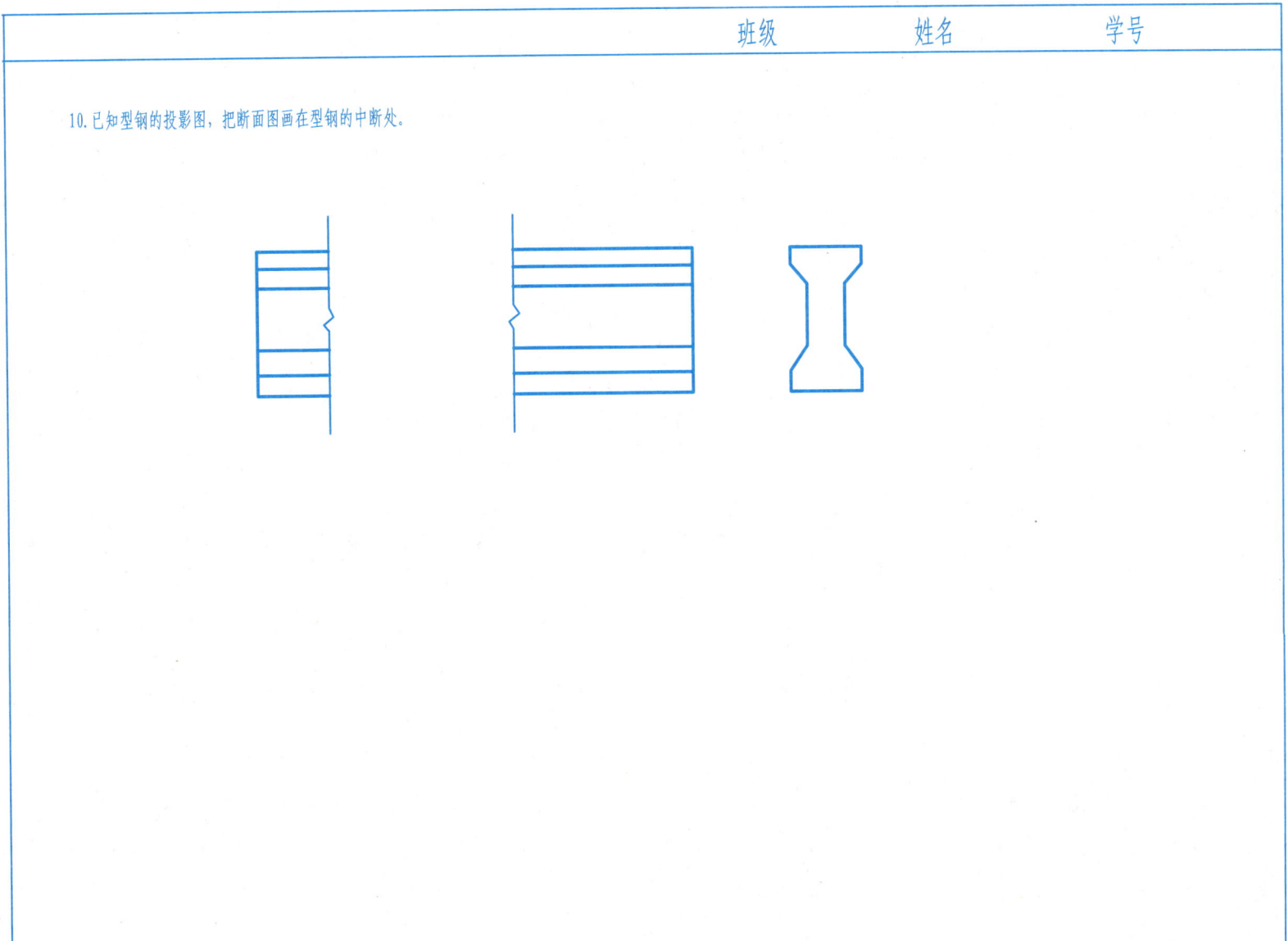

第7章 剖面图与断面图

10. 已知型钢的投影图，把断面图画在型钢的中断处。

第7章 剖面图与断面图

班级　　　　姓名　　　　学号

11. 综合练习，补画1—1、2—2剖面图。

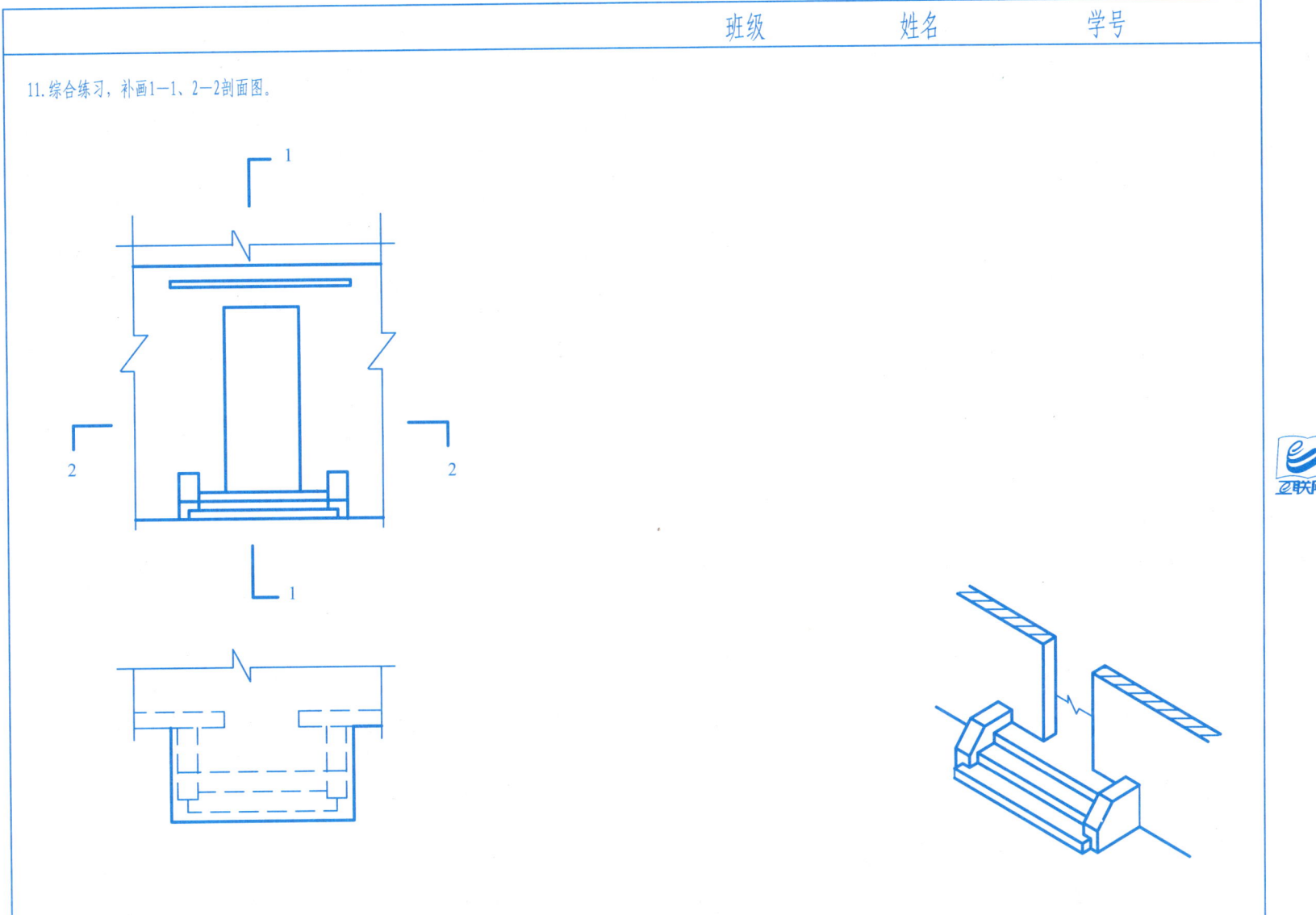

第7章 剖面图与断面图

班级　　　　姓名　　　　学号

11.综合练习，补画1—1、2—2剖面图。

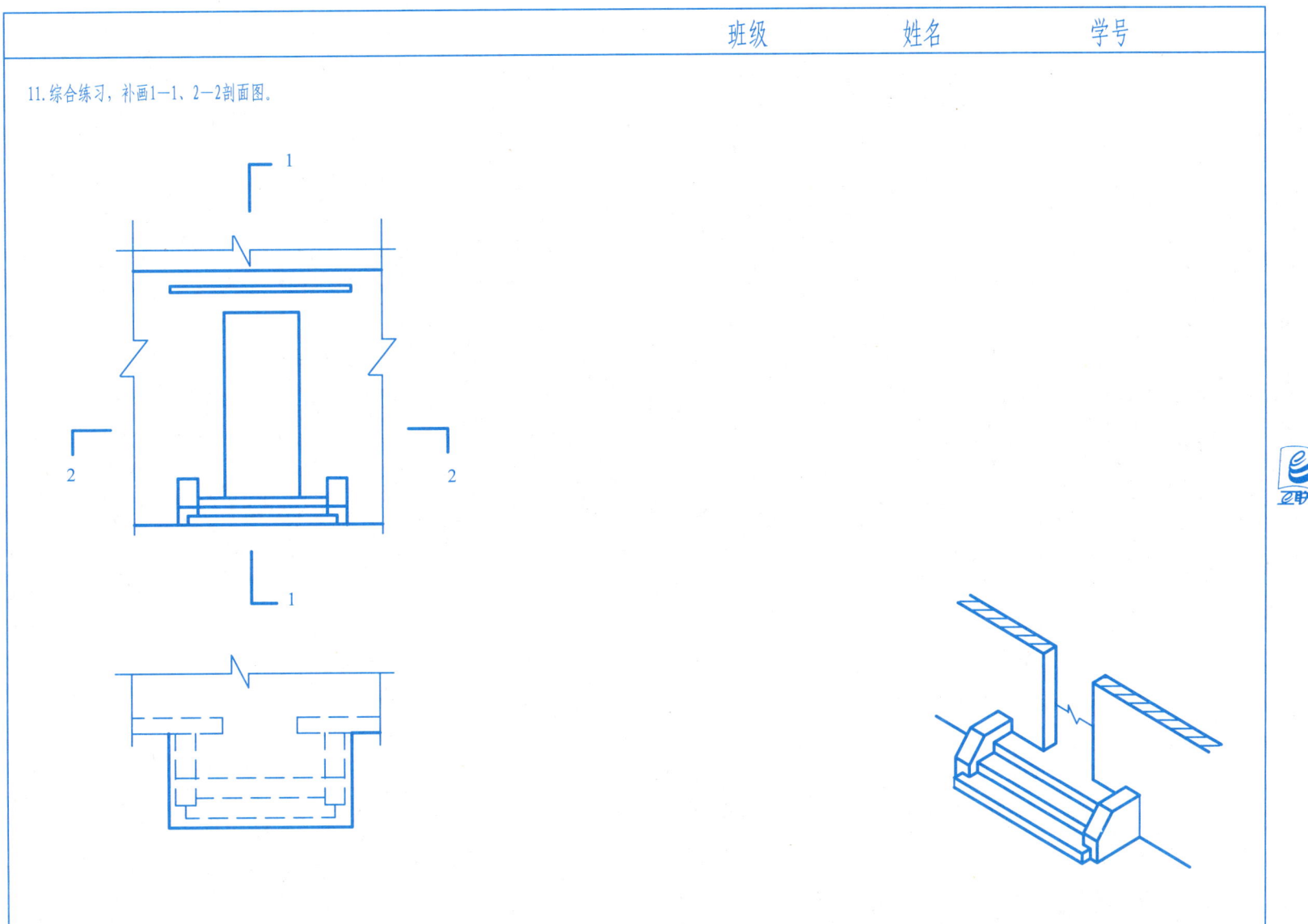

第8章 建筑工程图的一般知识

班级　　　　姓名　　　　学号

一、是非题

1. 一套完整的房屋施工图，按其内容和作用可以分为三大类：建筑施工图、结构施工图、设备施工图。（　）
2. 比值大于1的比例称为放大比例，比值小于1的比例称为缩小比例。（　）
3. 断面的剖切符号用粗实线表示，且仅用投射方向线而不用剖切位置线。（　）
4. 施工图中剖视的剖切符号用中实线表示。（　）
5. 剖视的剖切符号中一般剖切位置线的长度为4～6mm。（　）
6. 剖视的剖切符号中一般投射方向线的长度为6～10mm。（　）
7. 断面的剖切符号仅用投射方向线而不用剖切位置线。（　）
8. 对于图中需要另画详图表示的局部或构件，为了读图方便，应在图中的相应位置以索引符号标出。（　）
9. 施工图中的引出线用中实线表示。（　）
10. 施工图中的引出线由水平方向的直线或与水平方向成30°、45°、60°、90°的直线或上述角度再折为水平线组成。（　）
11. 同时引出几个相同部分的引出线，引出线可互相平行，也可画成集中于一点。（　）
12. 多层构造或多层管道共用引出线，应通过被引出的各层。文字说明注写在水平线的上方或端部，说明的顺序由下而上，与被说明的层次一致。（　）
13. 施工图中的定位轴线用单点长画线表示。（　）
14. 轴线的编号写在轴线端部的圆内。（　）
15. 标注坡度时，应加注坡度符号"→"。（　）
16. 一个详图适用于几根轴线时，应同时注明各有关轴线的编号。（　）
17. 总平面图室外地坪标高符号，宜用涂黑的三角形表示。（　）
18. 标高数字应以mm为单位，注写到小数点以后第三位。（　）

二、选择题

1. 有一栋房屋在图上量得长度为50cm，用的是1∶100的比例，其实际长度是（　）m。
   A. 5　　B. 50　　C. 500　　D. 5000

2. 施工图中的定位轴线用细单点长画线表示，轴线编号写在轴线端部的圆内，圆用细实线表示，直径为（　）mm。
   A. 4～6　　B. 5～8　　C. 6～10　　D. 8～10

3. 附加定位轴线的编号用（　）表示。
   A. 分数　　　　　　B. 大写拉丁字母
   C. 阿拉伯数字　　　D. 希腊字母

4. 图样上的尺寸单位，除标高及总平面以m为单位外，其他必须以（　）为单位。
   A. dm　　　　　　B. cm
   C. mm　　　　　　D. μm

第8章 建筑工程图的一般知识

班级　　　　姓名　　　　学号

5. 在施工图中，索引出的详图，如与被索引的图样在同一张图纸内，应采用的索引符号（　　）。

6. 在施工图中，详图和被索引的图样如不在同一张图纸内，应采用的详图符号为（　　）。

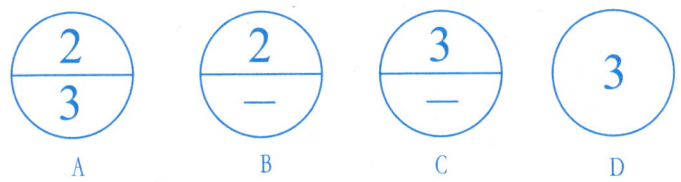

7. 整套图纸（施工）的编排顺序是（　　）。
①设备施工图　②建筑施工图　③结构施工图
④图纸目录　⑤总说明
A. ①⑤②③④　　　　B. ①②③④⑤
C. ⑤②③④①　　　　D. ④⑤②③①

三、请查阅建筑制图的相关标准，完成下列连线题目

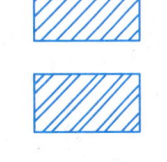 石材

金属

普通砖

混凝土

 泡沫塑料材料

多孔材料

带半圆弯钩的钢筋搭接

无弯钩的钢筋搭接

第9章 建筑施工图

班级　　　　姓名　　　　学号

一、画出下列不同开启方式门窗的图例

1. 单扇内开平开门

2. 双扇双面弹簧门

3. 提升门

4. 单层外开平开窗

5. 单层外开上悬窗

6. 单层推拉窗

第9章 建筑施工图

班级　　　　姓名　　　　学号

二、单项选择题

1. ( )是一个建设项目的总体布局,表示新建房屋所在基地范围内的平面布置、具体位置及周围情况。
   A. 建筑总平面图　　B. 建筑平面图　　C. 建筑立面图　　D. 建筑详图
2. 建筑立面图,简称立面图,就是对房屋的前后左右各个方向所作的正投影图。立面图的命名方法不包括( )。
   A. 按房屋材质　　B. 按房屋朝向　　C. 按轴线编号　　D. 按房屋立面主次
3. 建筑剖面图的图名应与( )的剖切符号编号一致。
   A. 楼梯底层平面图　　B. 底层平面图　　C. 基础平面图　　D. 建筑详图
4. 外墙面的装饰做法可在( )中查到。
   A. 建筑平面图　　B. 建筑立面图　　C. 建筑剖面图　　D. 建筑结构图
5. 查阅门窗位置和编号、数量应在( )。
   A. 建筑平面图　　B. 建筑立面图　　C. 建筑剖面图　　D. 楼层结构平面图
6. 在建筑总平面图上,一般用( )表示房屋的朝向,用( )表示建筑物的层数。
   A. 指南针,小圆圈　　B. 指北针,小圆圈　　C. 指南针,小黑点　　D. 指北针,小黑点
7. 下列不属于建筑施工图的建筑详图是( )
   A. 基础详图　　B. 节点详图　　C. 门窗详图　　D. 墙身详图
8. 在建筑平面图中,被水平剖面剖切到的墙、柱断面的轮廓线用( )表示。
   A. 细实线　　B. 中实线　　C. 粗实线　　D. 粗虚线
9. 绝对标高只注写在( )图,其他建筑施工图的图样上只注写相对标高。
   A. 总平面　　B. 建筑平面　　C. 建筑立面　　D. 建筑剖面
10. 建筑详图常用比例为( )。
    A. 1:50　　B. 1:100　　C. 1:200　　D. 1:300

三、是非题

1. 建筑施工图的基本图样包括建筑总平面图、平面图、基础平面图和给排水施工图等。( )
2. 在建筑总平面图图例中,原有的建筑用细实线表示,计划扩建的预留地或建筑物用粗实线表示,拆除的建筑物用粗实线表示。( )
3. 在建筑配件图例中,门的代号为M,窗的代码为C。( )
4. 屋顶平面图是仰视图的投影图,主要表示屋面的大小、形状和突出屋面的构造位置。( )
5. 用于室内墙装修施工和编制工程预算,且表示建筑物体型、外貌和室内装修要求的图样是建筑立面图。( )
6. 建筑剖面图简称剖面图,一般是指建筑物的垂直剖面图,且多为横向剖切形式。( )
7. 建筑平面图通常画在具有等高线的地形图上。( )

第9章 建筑施工图

班级　　　　姓名　　　　学号

四、设有一单层房屋，已给出该房屋的平面图、南立面图和门窗表，要求完成以下绘图内容。

1. 补全平面图中的尺寸数字和轴线编号。
2. 补全南立面图中的标高数字。
3. 画出北立面图（不注尺寸，图线粗细分明，钢窗GC1的高度布置和分格形式要求统一，并注明外开平开窗的开启方向符号）。

门窗表

编　号	洞口尺寸(mm)		数　量
	宽　度	高　度	
GC1	900	1500	3
GC2	1200	1500	1
GC3	2400	1500	1
M1	900	2100	1
M2	1000	2500	1

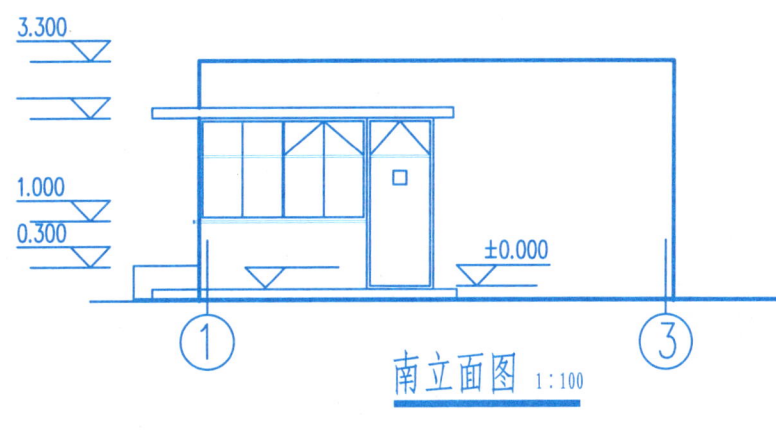

南立面图 1:100

第9章 建筑施工图

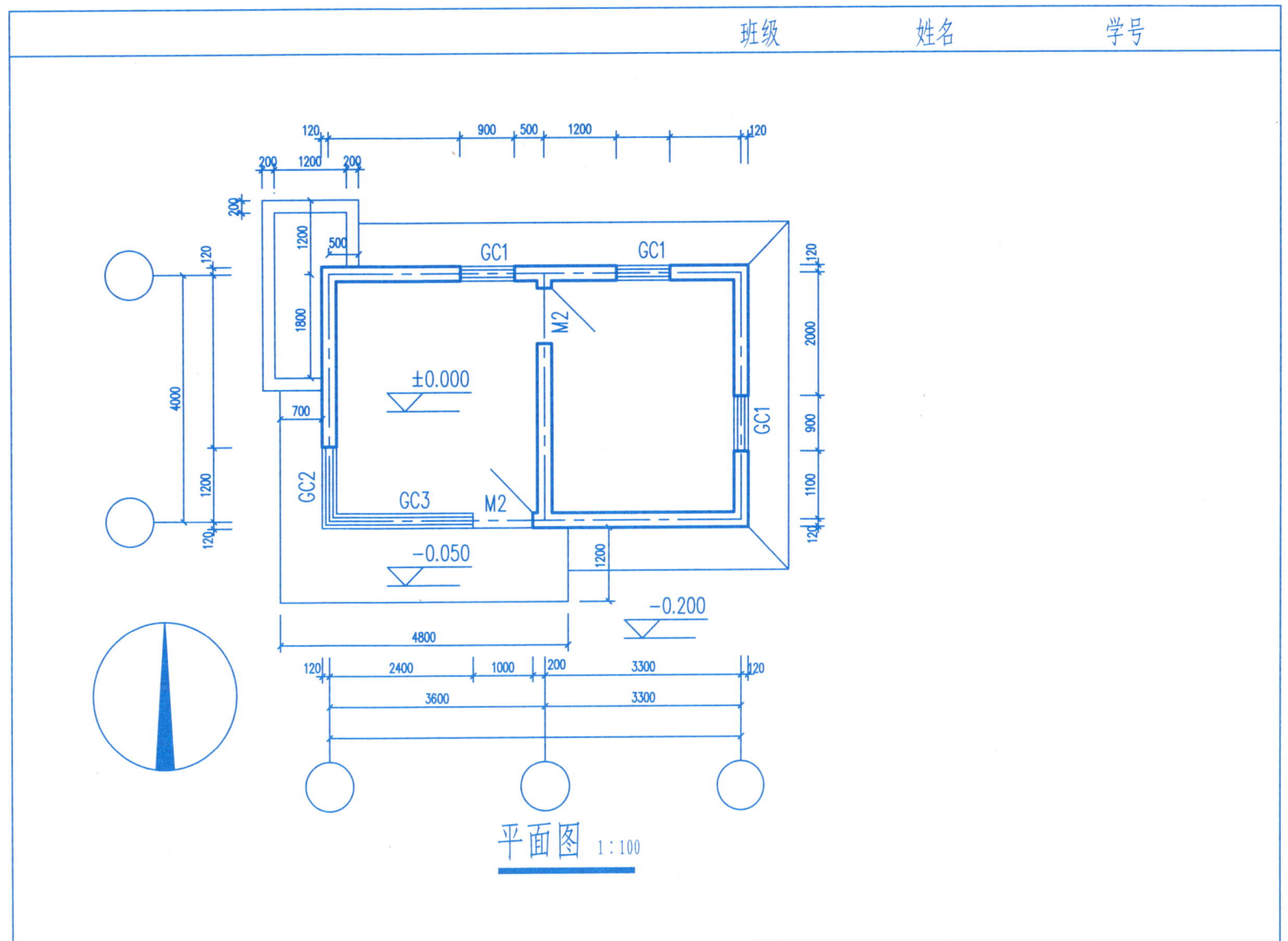

平面图 1:100

第9章 建筑施工图

班级　　　　姓名　　　　学号

五、识读下图回答问题

1. 建筑总平面图的常用比例为_____。它主要表示_____等内容。
2. 建筑物层数在总平面图中一般标注在建筑物的_____位置，该总平面图中新建建筑为_____层，图中虚线框表示_____建筑，带×细线框表示_____建筑。新建建筑的东侧为_____路。
3. 新建建筑室内绝对标高为_____，室外绝对标高为_____。
4. 图中左上角带数字的曲线为_____，它主要用来表示_____。
5. 从图中风玫瑰可知，该地区常年风向主要是_____风。

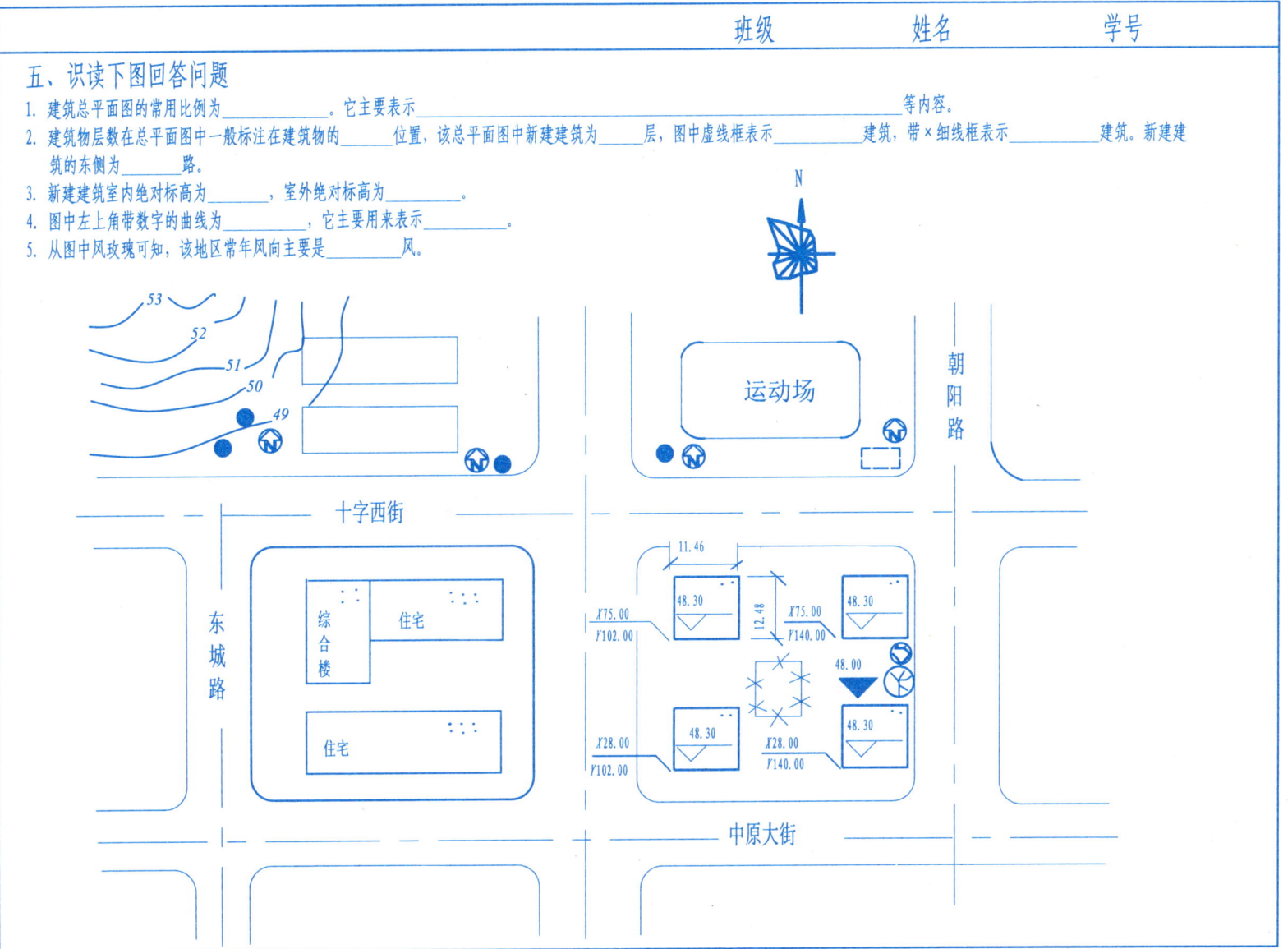

第10章　结构施工图

班级　　　姓名　　　学号

一、是非题

1. 结构施工图一般包括结构设计说明、结构平面布置图和构件详图。（　）
2. 结构施工图是表示建筑物的承重构件的布置、形状大小、内部构造和材料做法等的图样。（　）
3. 结构平面图一般表示水平切开后由上向下所看到的某层楼面或屋面的结构布置情况。（　）
4. 结构平面图中的定位轴线与建筑平面图或总平面图中的定位轴线应一致，同时结构平面图要标注结构标高。（　）
5. 构件的外形轮廓线画成细单点长画线。（　）
6. 基础平面图中基础轮廓线用细实线，基础上方的墙体用粗实线绘制。（　）
7. 在结构施工图中，为了突出钢筋的配置位置，一般把钢筋画成细实线，构件轮廓线画成粗实线。（　）
8. 结构施工图是表示建筑物的承重构件的布置、形状大小、内部构造和材料做法等的图纸。（　）
9. 钢筋混凝土板配筋图中，板底钢筋的弯钩向上或向左，板顶钢筋的弯钩向下或向右。（　）
10. 板的配筋图一般只画出它的平面图和移出断面图。（　）

二、选择题

1. (　) 是施工时安装梁、板的依据。
   A. 楼层结构平面图　B. 建筑平面图　C. 基础详图　D. 建筑剖面图
2. 梁的配筋图一般由立面图和 (　) 组成。
   A. 中断断面图　B. 重合断面图　C. 移出断面图　D. 局部剖面图
3. 要想了解基础与定位轴线的平面位置和相互关系，以及轴线间的尺寸，应查阅 (　)。
   A. 建筑平面图　B. 楼层结构平面图　C. 基础平面图　D. 基础详图
4. 能够了解沿梁、柱长、高方向钢筋的所在位置、箍筋肢数的图是 (　)。
   A. 梁的截面图　　　　　　　　B. 梁的立面图
   C. 预制构件详图　　　　　　　D. 柱梁钢筋图
5. 要想了解无地下室砖混结构住宅楼预制楼板的平面布置位置、规格，并统计预制楼板的块数，应查阅 (　)。
   A. 基础平面图　B. 楼层结构布置平面图　C. 构件详图　D. 建筑平面图

三、下图所示为条形基础的断面图，回答问题

1. 已知室内外高差为450mm，注出室外标高。
2. 已知基础的埋置深度为1.0m，注出基础底面标高。
3. 指出垫层的厚度及所用材料。
4. 基础底部所配置的钢筋φ8@250和φ16@180，试解释。
5. 为什么定位轴线无编号？

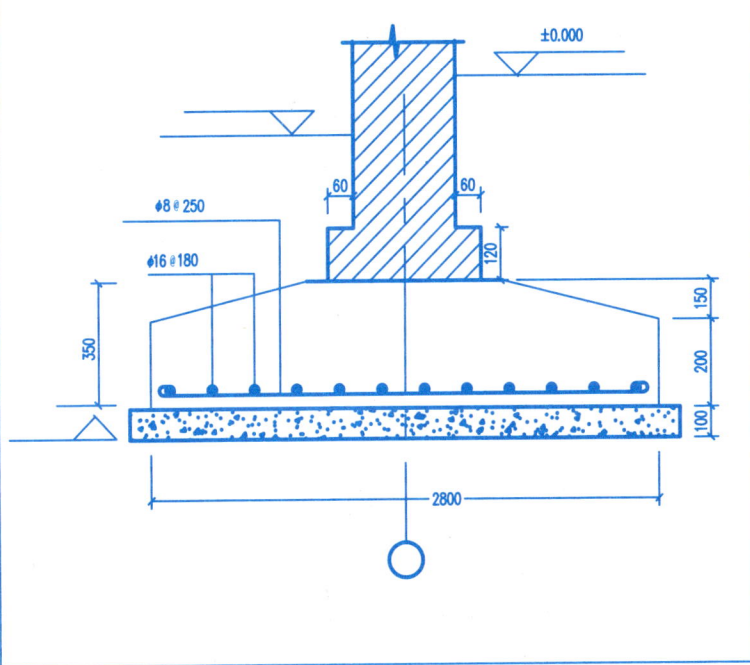

第10章 结构施工图

| 班级 | 姓名 | 学号 |

四、根据矩形楼面梁的立面图和钢筋详图,完成以下绘图内容

1. 画出1—1、2—2断面图。
2. 标注钢筋编号。
3. 标注钢筋尺寸(根数、等级和直径)。

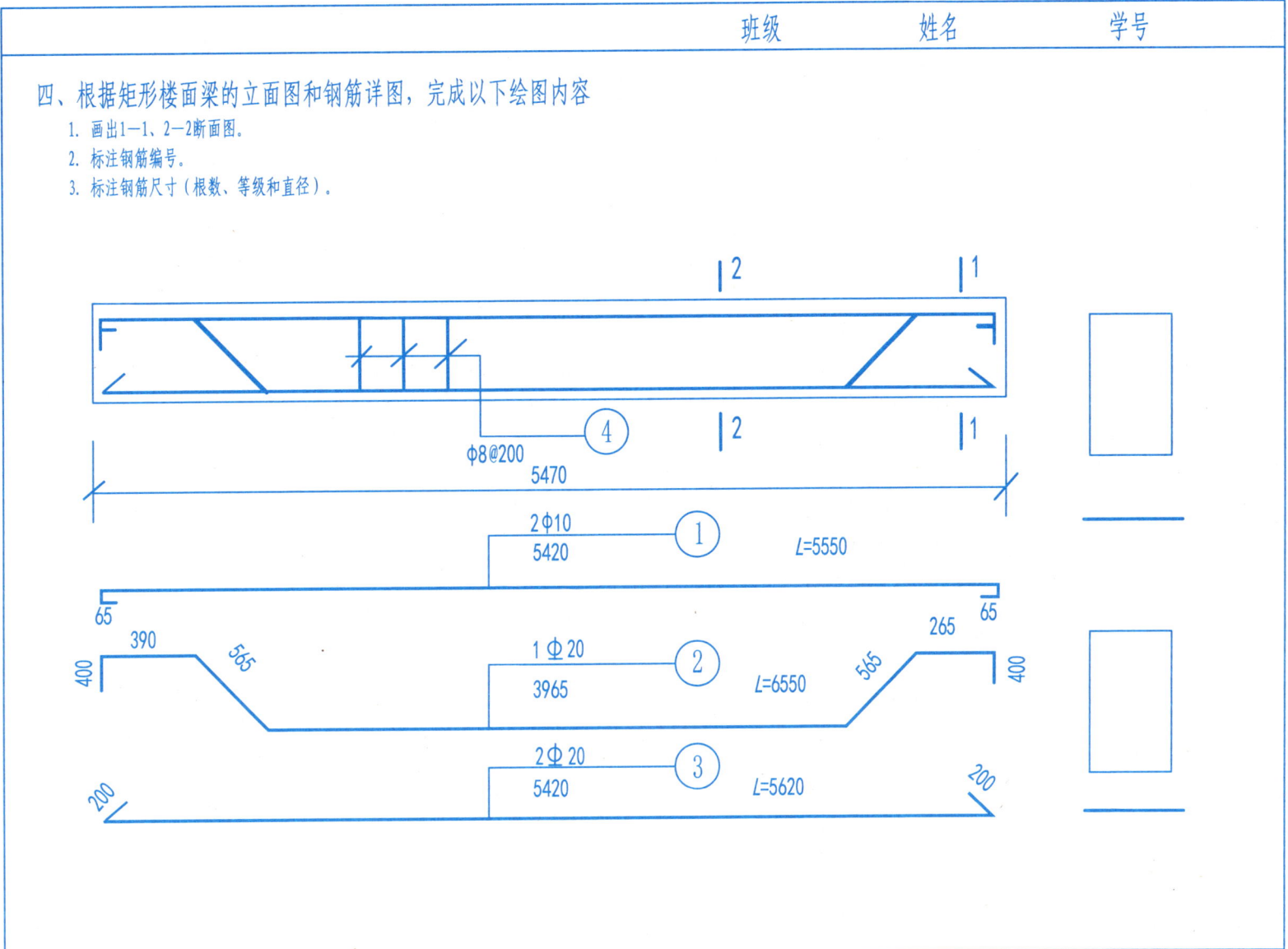